每天半小时读懂《菜根谭》

张乾栋 编著

中国华侨出版社

图书在版编目（CIP）数据

每天半小时读懂《菜根谭》/张乾栋编著．—北京：中国华侨出版社，2017.12

ISBN 978-7-5113-7323-6

Ⅰ．①每… Ⅱ．①张… Ⅲ．①个人—修养—中国—明代②《菜根谭》—译文 Ⅳ．①B825

中国版本图书馆CIP数据核字（2017）312231号

● 每天半小时读懂《菜根谭》

编　　者	/张乾栋
责任编辑	/晓　棠
封面设计	/一个人·设计
经　　销	/新华书店
开　　本	/710毫米×1000毫米　1/16　印张/16　字数/220千字
印　　刷	/北京一鑫印务有限责任公司
版　　次	/2018年3月第1版　2019年8月第2次印刷
书　　号	/ISBN 978-7-5113-7323-6
定　　价	/39.80元

中国华侨出版社　　北京市朝阳区静安里26号通成达大厦3层　　邮编100028
法律顾问：陈鹰律师事务所
编辑部：（010）64443056　　64443979
发行部：（010）64443051　　传真：64439708
网　　址：www.oveaschin.com
E-mail：oveaschin@sina.com

前 言

　　《菜根谭》，一部文学经典，一部修身处世大全。对于人的正心修身，养性育德、陶冶情操、磨炼意志、奋发向上具有不可思议的影响。

　　每天半小时，读懂一部《菜根谭》，体会人生百种滋味，就能做到：风急雨斜处，立得脚定；花浓柳艳处，着得眼高；路危径险处，回得头早。

　　尤其对于今日愈发浮躁的我们来说，最适合的莫不过《菜根谭》中的智慧。须知，"人品"既是与生俱来的，又需要靠后天影响与修炼。苦难是人生最好的炼炉，古今中外，多少品德高尚者、成就大事业者，无一不是经过苦难的锤炼。而其书以"菜根"为名，正意谓"人的才智和修养只有经过艰苦磨炼才能获得"。不期而然地，我们人生的喜乐成败，与《菜根谭》结下了不解之缘。

　　每天半小时，咀嚼菜根，用一颗平和、淡欲之心去发现生活的美和真，能做到宽容、豁达，宠辱不惊，方能真正地享受生活的快乐；每天半小时，咀嚼菜根，让我们汲取智慧的营养，品味百味人生，发现生活的真谛。我们读经典，不需要别的理由，只这一个理由就够了：那里面有一种安身立命的"中国式生命智慧"，可以抚慰我们疲惫的心灵。

　　本书从中国传统文化根源出发，探究人文精神、生存体悟与生活睿智，诠释人生主题，在轻松的意境中，以思辨的方式体悟人生的大智慧。为更好地帮助读者阅读，本书采用了原文与译文对照的编排方式，同时还附有深度解读。书中不仅有至真至纯的说理性文字，更选取了许多富有哲理的小故事，给人带来不一样的人生感悟，相信读过之后会对自己的人生有一种全新的见解。愿你能偷得一点闲暇，找到它，翻开它，品读它，让心灵随着阅读步入另一番境界，看清世界的本源，找到幸福的真谛。

目 录

◎ 第一卷　成与败
——功业成败，在于进，也在于退

修身种德，事业之基……………………2
心怀远志，自由飞翔……………………4
得意失意，都别失形……………………7
刚愎自用，偾事失机……………………11
多听人言，以免自迷……………………14
时局不利，韬光养晦……………………17
藏巧于拙，以屈为伸……………………20
伏久高飞，开先谢早……………………24
事无不立，无立不成……………………28
花看半开，酒饮微醉……………………31
顺境逆境，欣戚两忘……………………33
持之以恒，水到渠成……………………35
天道忌盈，业不求满……………………39

◎ 第二卷　名与利
　　——脱尽名利缰锁，世界原来自大

脱俗成名，减欲入圣…………………44
放得功名，便可脱凡…………………46
人生苦短，何争名利…………………49
超越天地，不入名利…………………51
德在人先，利居人后…………………53
名不独享，过不推脱…………………55
木石之心，远离欲境…………………58
壁立千仞，无欲则刚…………………60
忧勤勿过，澹泊勿枯…………………62

◎ 第三卷　学与用
　　——宽展沉睡的心智，勃发激扬的才情

修德忘名，读书深心…………………66
心地干净，方可读学…………………69
学以致用，注重实际…………………71
磨炼福久，疑参知真…………………74
勿夸所有，可为学问…………………76

2

以苦为乐，苦尽甘来…………………………78

闲中学习，忙时受用…………………………81

道要常悟，学贵有恒…………………………83

金须百炼，轻发无功…………………………86

心领神会，融于事物…………………………89

◎ 第四卷　内与外
——磨炼稳健的德行，秉持自我的节守

欲路理路，全凭一念…………………………92

茹纳容人，气量宽厚…………………………93

怒火沸处，转念则息…………………………96

量宽福厚，器小禄薄…………………………98

心地放宽，恩泽流长…………………………100

逆耳之言，坦然容纳…………………………102

栖守道德，不阿权贵…………………………104

一念贪私，万劫不复…………………………106

贪得不富，知足不贫…………………………108

居官公廉，治家恕俭…………………………110

舍己毋疑，施人不报…………………………112

同流合污，英名尽毁…………………………114

色欲名利，修身所忌…………………………118

热心助人，其福必厚…………………………121

不以恶小，以为无殃…………………………124

◎ 第五卷　我与人
——和以处众，宽以接下，恕以待人

对人对事，不要苛责……………………128
文以拙进，道以拙成……………………130
侠心交友，素心做人……………………132
和气致祥，喜气多瑞……………………134
功过赏罚，不容混淆……………………136
用人不疑，疑人不用……………………138
防谗杜奸，确保平安……………………142
不要抓着，过错不放……………………145
穷寇勿追，为鼠留路……………………148
杯弓蛇影，猜疑不和……………………150
忘怨忘过，念功念恩……………………152
宽严互用，恩威并施……………………154
做人不可，太过傲慢……………………157
高步立身，退而处世……………………161
退步宽平，争让有度……………………163
不念旧恶，养德远害……………………166
一念一言，切勿犯忌……………………168
冷眼观物，热诚有度……………………170

无害人意，存防人心…………………………173
施之不求，求之无功…………………………175

◎ 第六卷　福与祸
——福兮可以善取，祸兮可以恶招

才华横溢，谦逊自敛…………………………178
功高权重，不要得意…………………………180
可共患难，勿共安乐…………………………183
逃避名声，自身平安…………………………186
心存忧患，才能持久…………………………190
君子无祸，勿罪冥冥…………………………193
对待小人，难于不恶…………………………195
居安思危，天也无法…………………………198
急流勇退，功德圆满…………………………200
知退一步，须让三分…………………………202

◎ 第七卷　苦与乐
——心若晴则苦也乐，心若雨则乐也苦

人生福祸，念想造成…………………………206
世事缠绕，皆因物役…………………………208

洁自污出，明从晦生 …………………………… 210
处进思退，得手图放 …………………………… 213
苦中得悦，失意存悲 …………………………… 216
风雅不失，穷不潦倒 …………………………… 218
知足则仙，善用则生 …………………………… 221
喜寂厌喧，求静避世 …………………………… 223
福不强求，去怨避祸 …………………………… 225
身居逆境，砥节砺行 …………………………… 229

◎ 第八卷　忙与闲
——闲看庭前花开花落，漫随天外云卷云舒

真味是淡，至人如常 …………………………… 232
闲时吃紧，忙里悠闲 …………………………… 234
天理路宽，欲路甚窄 …………………………… 236
守逸安分，平淡远祸 …………………………… 239
浓味易消，淡中趣真 …………………………… 241
出世涉世，了心尽心 …………………………… 244

第一卷　成与败

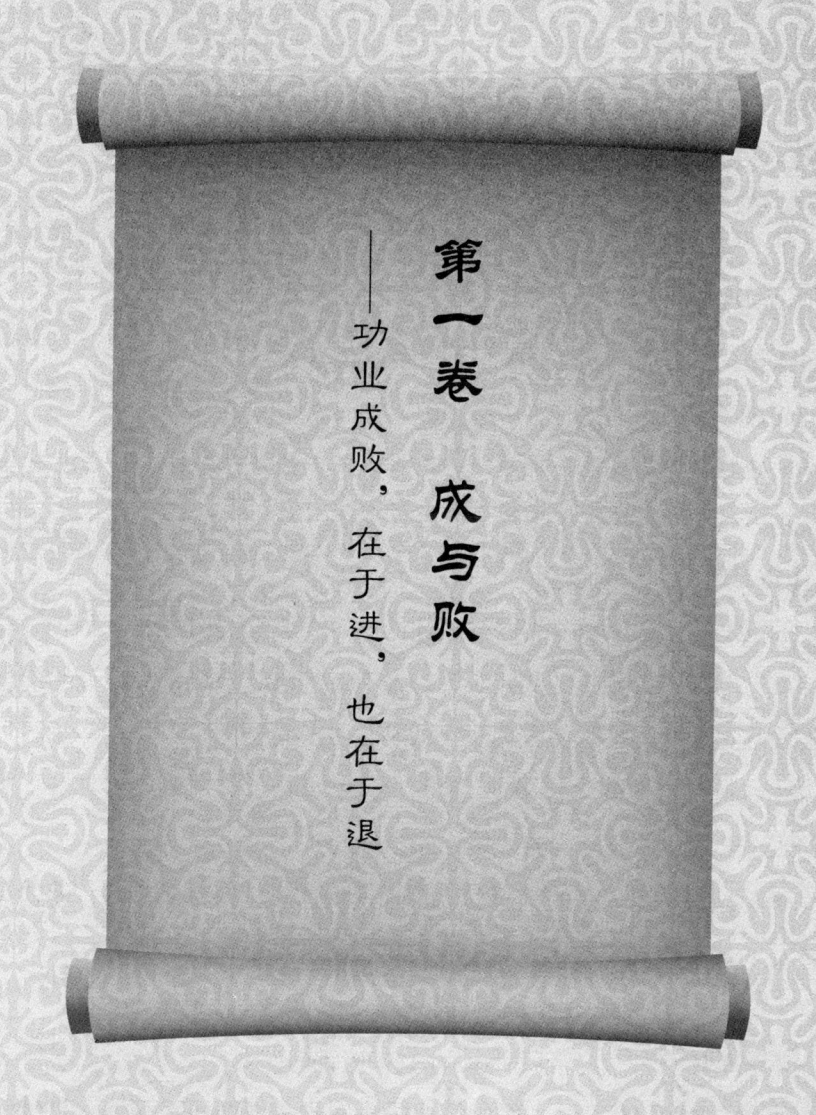

——功业成败，在于进，也在于退

修身种德，事业之基

【菜根原味】

德者事业之基，未有基不固而栋宇坚久者。

【古典今译】

美好的品德是成就一切事业的基础，正如盖房子一样，如果没有坚实的地基，就不可能修建起坚固而耐用的房屋。

【智慧解析】

品德是心灵之根本。品德构成你的良知，使你明白事理，而非只根据法律或行为守则去判断是非。正直、诚实、勇敢、公正、慷慨等品德，在我们面临重要抉择之时便成为我们成功与否的首要因素。"仁者无敌"，能够秉承"贫穷志不移""不义富且贵，于我如浮云""穷则独善其身，达则兼济天下"这些传统道德的人是无往不胜的。

李嘉诚很重视人品的高下，一个人仅仅才华出众是不够的，还要有上等人品。他喜欢诚实的人，对那些做事自私、不够诚实的人，尽管他们十分聪明，也会请他走人。

李嘉诚的这种态度来自于童年时代的一件往事。

那是1943年的冬天，这个冬天深深地刻在他的记忆深处，是他一生中最难以忘怀的。

当时，父亲的去世使李嘉诚对那渗透他柔嫩、幼弱的身躯由肉体达到心灵深处的酷寒感到不堪忍受，更使他觉得整个世界像一座巨大且黑暗的冰窖，似乎人世间的最后一丝热气也被父亲带走了。然而，即使是这样，他还是咬紧牙关、鼓足勇气，希望自己能够带领全家平安地度过这个肃杀凄凉的冬天。

为了安葬父亲，李嘉诚含着眼泪去买坟地。按照当时的交易规矩，买地人必须付钱给卖地人之后才可以跟随卖地人去看地。卖给李嘉诚地的，是两个客家人。他将买地钱交给他们之后，便半步都不肯离开，坚持要看地。山路出奇的泥泞，不时夹带着雨点，寒意逼人的北风迎面扑来……仍旧沉浸在失去父亲巨大悲痛中的李嘉诚，想着这连日来和舅父、母亲一起东奔西走，总算凑足了这笔安葬父亲的费用；想着自己能够亲自替父亲买下这块坟地，心里总算有了一丝慰藉。这两个卖地人走得很快，他一步接着一步地紧跟不舍。然而，不幸的是卖地人见李嘉诚是一个小孩子，以为好欺骗，就将一块埋有他人尸骨的坟地卖给他，并且用客家话商量着如何掘开这块坟地，将他人尸骨弄走……

可是，他们并不知道，李嘉诚听得懂客家话。他震惊了，世界上居然有如此黑心、如此挣钱的人，甚至连死去的人都不肯放过；想到父亲一生光明磊落，即使现在将他安葬在这里，九泉之下的父亲也是绝对不会安眠的。而且，他也深知这两个人绝不会退钱给他，但他还是告诉他们不要掘地了，自己再另找卖主。

这次买地葬父的几番周折，深深地留存在李嘉诚的记忆深处，使他不仅受到了一次关于人生、关于社会真实面目的教育，而且对于即将走上社会、独自创业的他来说，这是第一次付出沉重的代价所吸取的相当痛苦的教训，也是所面临在道义和金钱面前如何抉择的第一道难题。这促使李嘉诚暗下决心：不管将来创业的道路如何险恶，不管将来生活的情形如何艰难，一定要做到生意上不坑害人，生活上乐于帮助人。

李嘉诚觉得，一个人的成功不在于他获得了多少财富，也不在于他做了多大的官，而最重要的是一个人的品德修炼。

人品是一个人外在表现的标志，是别人对你的一个衡量标准，好的人品不仅会让你得到周围人善意的对待，还能让你在做事的时候事半功倍。李嘉诚作为一个成功的商人，他的成功，不仅来自于他的精明能干，更来自于他诚实坦荡的为人。

也许很多人会说，人品不能当饭吃，又何必太过计较。但人品是立身之本，对事业的成败影响颇大。一个人品欠佳的人，谁也不愿与其合作共事。

世间的人，人品各有不同，用单一的道德标准品评人，分出好人、坏人，并不一定公平和正确。人或诚实或虚伪，一时之间，很难分辨。但随着时日的增长，两者分界逐渐明显，一个人是诚实还是虚伪，其日常的言行举止，总会有所表现。

心怀远志，自由飞翔

【菜根原味】

花居盆内终乏生机，鸟入笼中便减天趣。不若山间花鸟错集成文，翱翔自若，自是悠然会心。

【古典今译】

花木移栽到盆中终归失去了蓬勃生机，飞鸟关入笼中就减少了盎然的生趣。不如山间的花鸟点染成美丽的景致，自由飞翔，这样才能使人悠然领会自然的妙趣。

【智慧解析】

花盆里长不出参天大树。人只局限于一个小天地里，很难成就什么大事业。在大环境允许的情况下，有能力就要展现出来，飞出鸟笼，冲向广阔的天空，成就一番大事业，为国家的进步、社会经济的发展出一份力。好男儿志在四方，走出去，涉事业之大川，利民族与国家，才是生之本意。

张思民 1962 年出生于北国雪都长春一个普通的教师之家，四兄弟姐妹中他是老大。

1979 年，张思民高中仅读了一年，16 岁便考进哈尔滨工业大学这座被誉为"工程师摇篮"的名牌学府，在那里加入了共产党，连续三年被评为三好学生。

1983 年 8 月，他毕业分配到北京航天部 207 所从事军品的开发和研究。

1986 年 5 月，他调到国内外享有盛誉的中国国际信托投资公司总部。

他的每一步人生之路都走得那么一帆风顺，都是让人眼红的好单位。然而张思民背靠大树不乘凉，人要走进阳光，他说"要太阳注视我"！

"要想干大事，还是要办自己的公司。"他终于在一天早上起床之后把所有的问题都翻来覆去想通想透了。"到深圳去，那里改革的大潮正猛，是大展宏图之地。"他把这个严肃的决定告诉新婚不久的妻子时，得到的是理解和支持的目光。

此时，正值中信公司派员赴深圳投资部工作。张思民积极报名并获批准。

1988年11月,他怀揣美丽的梦想,携妻离开了首都,离开了刚刚营造好的小家。

一日,一个人手拿着一个海洋开发的科技项目来到了中信公司深圳分公司,声称海洋开发是一个新兴的领域,只要稍作投资便可大获收益。财大气粗的中信也许是正忙于更大宗的买卖而无暇他顾,或许是觉得这个项目太小而不值得花太多功夫,便拒绝了来人的要求。

张思民在一旁暗暗着急,他凭直觉觉得这是一个大有可为的项目,海洋开发当时在国内虽属刚刚起步但却有着无限的潜力,这是一个千载难逢的机会。

这个项目就是日后闻名全国的海洋滋补保健品,也是海王集团拳头产品的金牡蛎。

张思民思虑再三,决定脱离中信公司出来单干,他邀约了几个志同道合的朋友,联合了珠海一家公司,成立了深圳工贸公司,开始了金牡蛎的研制工作。

1989年5月,26岁的张思民郑重地向中信投资部递了辞呈,同年7月8日,属于他自己的深圳工贸公司(海王集团前身)在蛇口石云村住宅楼里的3间普通民房里宣告成立,他迈出了商海生涯的第一步。

无论目前所处的环境怎样,哪怕身无分文,只要心中希望成为成功的人,便永远有希望成为成功的人,只要信念坚定且肯努力,成功就不是难事。

现在的我们,大多数人都靠打工过日子,用自己的血汗成就老板的事业,用自己的辛勤去烘托领导的辉煌。工作多年工资不过几千,省吃俭用半辈子,买个小套房还要借钱。回过头来想一想,成功与失败、富有与贫穷,或许就决定于当初的一念之差:如果当初带着几千块钱杀入股市,保不准现在已经成了百万富翁;如果当初肯放下身段花个几百元去摆地摊,没准现在已经成了大老板……当初你没做,可是现在你说"如果我当初那么做了，一定比他们更好。"或许真的是这样，你的能力比他们强，你的资金比他们多……你可能具有不错的优势，但你没有做。你的头脑里没有成为成功者的想法，你的潜意识没有引导你去把握那些机会，所以直到今天你还是很平庸。

不同的观念导致不同的人生。如果你能在意识中始终把自己想成是一个成功者，这种想法会使你在思考任何一个问题、做任何一件事时都能与众不同。因为你将自己想象成成功者，你就会不自觉地认为自己与别人不一样，你觉得自己就应该多学、多看、多干，以便迅速提升自己各方面的才能。如果你把自己想象成成功者，在潜意识的作用下，你的思维方式也会立即转换成成功模式。这就好比你的大脑是一盆清水，你可以选择在里面滴一些黑色或红色的墨汁，黑色代表着平庸思维，红色代表着成功思维，你选择滴入什么颜色，大脑这盆水就会变成什么颜色，近朱者愈赤，近墨者则愈黑。

得意失意，都别失形

【菜根原味】

恩里由来生害，故快意时须早回头；败后或反成功，故拂心处切莫放手。

【古典今译】

在得到恩惠时往往会招来祸害，所以在得心快意的时候要想到早点回头；在遭遇失败挫折时或许反而有助于成功，所以在不如意的时候不要轻易放弃追求。

【智慧解析】

老子说过："祸兮，福之所倚；福兮，祸之所伏。"所以凡事都要坚持辩证地看问题，一个人没有发达时，不能看轻了自己，要对自己有信心，而当自己处在位高权重之时就应该慎独慎微，甚至急流勇退，以免爬得越高，摔得越重。

我国春秋时期著名的军事家孙武因看不惯齐国内部尔虞我诈，争名夺利的争斗，遂毅然离开了父母之邦齐国。孙武到达吴国之时，吴国正值多事之秋。吴王阖闾是位胸有大志，意欲有所作为的君主。他想使吴国崛起，首要的打击目标就是近邻也是强邻楚国。只有击败楚国，吴国才有出头之日。就这样，阖闾的意图与受到楚平王迫害全家被杀的伍子胥不谋而合，遂决意对楚一战。面对强大的楚国，伍子胥也没有把握必胜，于是他找到了隐居于吴的孙武，认为有了他的帮助，灭楚报仇不成问题。

就这样，伍子胥先后七次向吴王阖闾推荐孙武，盛赞孙武之文韬武略，认为若不攻楚便罢；若要兴师灭楚，孙武首当其选。

就这样，吴王决定召见孙武。晤谈之下，孙武将他的兵法十三篇娓娓道来。吴王阖闾一听之下连声道好。两人越谈越投机，不知不觉十三篇兵法都讲完了。

公元前506年，楚国派兵包围了蔡国都城上蔡。蔡人一面拼命抵抗，一面联合唐国，向吴国求救。

于是，这年冬天，吴王以孙武、伍子胥为将，其弟夫概为先锋，亲率大军进攻楚国。按照孙武事先的布置，大军乘船从水路直抵蔡都，楚将囊瓦见吴军势大，不敢迎敌，慌忙退守汉水之南岸，蔡危遂解。蔡、唐遂与吴军合兵一处，向楚国进发。

第一卷 成与败——功业成败，在于进，也在于退

吴军迅速地通过关隘，如神兵自天而降，突然出现在汉水北岸。楚军统帅囊瓦乱成一团，攻守不定。先听人献计分兵去烧吴师舟楫，主力坚守不出，尔后又下令渡江决战。于是率三军渡过汉水，于大别山列阵以待吴军。孙武令先锋队勇士一概用坚木做成的大棒装备起来，一声令下，先锋队杀入楚阵挥棒乱打，这种非常规的战法一下子打得楚军措手不迭，阵式全乱，吴军大队掩杀过来，楚军大败。

初战得胜，众将皆来相贺。孙武却说：

"囊瓦乃斗屑小人，一向贪功侥幸，今日受小挫，可能会来劫营。"乃令吴军一部埋伏于大别山楚军进军必经之路，又令伍子胥引兵反劫囊瓦营寨，并令蔡、唐军队分两路接应。

再说囊瓦那边，果然派出精兵万人，人衔枚、马去铃，从间道杀出大别山，来劫吴军大营。不用说，楚军此番劫营反遭了孙武的埋伏，被杀得丢盔弃甲，三停人马去了两停。好容易脱难逃回，营寨又让吴军劫了，只好引着败兵，一路狂奔到柏举，方才松了一口气。这时楚王又派来援兵，可援兵将领与囊瓦不和，两人各怀二心，结果被吴军先锋夫概一阵冲杀，囊瓦军四散逃命，囊瓦本人也逃到郑国去了。

这时吴军已进逼楚都郢城。楚昭王倾都城之兵出战。两军最后决战，又被孙武设计用奇兵大败。吴军直捣郢都。郢都为楚国多年营建，城高沟深，易守难攻，又有纪南城和麦城为犄角之势，要想攻占楚都，夺取最后胜利，并不是一件容易的事。孙武也深知攻城之难，在他的兵法里将之归为下之下策，搞得不好，旷日持久曝兵于坚城之下，纵使有天大的本领也难逃覆灭的下场。但是孙武艺高人胆大，居然把全军一分为三，一部引兵攻麦城，一部攻郢都，自领一军攻纪南。伍子胥不负众望，率先使计让吴军混在楚败军之中，混入麦城，打开城门，破了麦城。而孙武在攻城之前先看了看地形，见漳水水势颇大，而纪南城地势较低，于是令军士开掘漳

9

水，引漳水入赤湖，却又筑起长堤围住江水，使江水从赤湖直灌纪南城。水势浩大，直冲郢都，纪南不攻自破，孙武率军乘筏直攻郢都，楚昭王领着妹妹连夜登舟弃城逃命去了。文武百官霎时如鸟兽散，连家眷都顾不得了。孙武伐楚至此大获全胜。

此次伐楚，虽然没能最终灭掉楚国，但强大的、一直令中原诸国寝食不安的楚国，这次居然让向来被人看不起的蛮夷之邦吴国攻破国都，这件事本身就够震惊天下的了。从此楚国一蹶不振，长时间难有作为，吴国则开始了它的霸主生涯。

破楚凯旋，论功当然孙武第一，但是孙武非但不愿受赏，而且执意不肯再在吴国掌兵为将，下决心归隐山林。吴王心有不甘，再三挽留，孙武仍然执意要走。吴王派伍子胥去劝说，孙武见伍子胥来了，遂屏退左右，推心置腹地告诉伍子胥。说：

"你知道自然规律吗？夏天去了则冬天要来的，吴王从此会仗着吴国之强盛，四处攻伐，当然会战无不胜，不过恐怕骄奢淫欲之心也会不断高涨。要知道功成身不退，将有后患无穷。我不但要自己隐退，还要劝你也一道归隐。"

可惜伍子胥并不以孙武之言为然。孙武见话不投机，遂告退，从此，飘然隐去，不知所终。

后来，果如孙武所料，吴王阖闾与夫差两代，穷兵黩武，不恤国力，最后养虎遗患，败在越王勾践手下，身死国灭。而那个不听孙武劝告的伍子胥却早在吴国灭亡之前就被吴王夫差摘下头颅，挂在了城门上。

得意时早回头，失败时别灰心，这是人们根据长期生活积累而总结出的经验之谈。尤其是第一句话，其政治含义很深。在封建社会，有"功成身退"的说法，因为"功高震主者身危，名满天下者不赏""弓满则折，月满则缺""凡名利之地退一步便安稳，只管向前便危险"都说明了"知

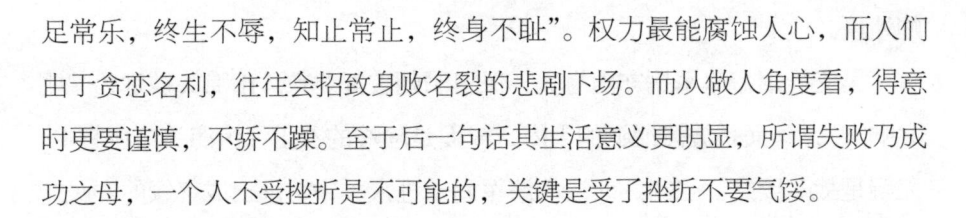

足常乐，终生不辱，知止常止，终身不耻"。权力最能腐蚀人心，而人们由于贪恋名利，往往会招致身败名裂的悲剧下场。而从做人角度看，得意时更要谨慎，不骄不躁。至于后一句话其生活意义更明显，所谓失败乃成功之母，一个人不受挫折是不可能的，关键是受了挫折不要气馁。

刚愎自用，偾事失机

【菜根原味】

建功立业者，多虚圆之士；偾事失机者，必执拗之人。

【古典今译】

能够建立宏大功业的人，大多是处世谦虚圆融的人；容易失败抓不住机会的人，一定是性情刚愎固执的人。

【智慧解析】

傲慢始终与愚蠢结伴而行。傲慢总是在成功即将破灭之时，及时出现。傲慢一现，谋事必败。一个人如果太骄傲了，变得妄自尊大，谁都瞧不起，谁都不放在眼中，不承认世界上有比他更强更高的人，不承认客观实际，目空一切，最后，只能落得孤家寡人，走向人生的失败。

李自成攻陷北京后，被胜利冲昏了头脑，他开始变得狂妄而骄傲，刚愎自用。吴三桂引清军入关与李自成处置失当有很大关系，李自成似乎根本就没把吴三桂放在眼里，也根本就没站在吴三桂的角度去思考过他的处境。

吴三桂奉命率军据守山海关，保卫明朝首都北京。山海关被称为"明之咽喉"，一面是波涛汹涌的大海，一面是险峻的燕山，山海关镶在其中，无疑是战略要塞。当时，北边的清军尚未进入关中，李自成率领的农民起义军却攻陷了北京，崇祯皇帝在煤山自缢，明朝走到了尽头。此时镇守山海关的吴三桂会怎样想呢？北边是虎视眈眈的清军，南边京城已经陷落，皇帝已经驾崩，他究竟是在替谁镇守山海关呢？吴三桂不是史可法，更不是屈原，他要设身处地地替自己考虑，于是，他决定投降李自成。

一个打算投降的人最关心的就是自己投降以后的命运，吴三桂自然也十分关心这一点。他对李自成并不了解，还需要通过一些事实来判断自己投降过去之后的处境。所以，他一方面带领自己的部队去北京向李自成投降，一方面又不断地派人四处打探消息。这时，消息传来了，父亲吴襄被抓，家产被抄，最宠爱的歌姬陈圆圆也被刘宗敏霸占。从这些消息里，吴三桂已清楚地判断出了自己投降李自成以后的命运，于是他立刻放弃了投降的打算，回守山海关。

李自成攻陷北京后，他和部下们都处在狂妄而骄傲的心态之中。这一心态使他们变得目空一切，妄自尊大，对客观局势丧失了判断力，他一方面抄了吴三桂的家产、抓了他的父亲、抢了他的爱妾，一方面还要让吴三桂投降，这可能吗？倘若李自成能够静下心来，从吴三桂的角度去思考一下，他就会发现，自己的行为根本不可能让吴三桂归顺。

吴三桂不投降，李自成就率领大军进攻山海关，逼迫其投降，否则就要彻底消灭他。他似乎忘记了山海关长城外面的敌人，他也似乎把吴三桂当成了崇祯皇帝，无路可走之时会自缢而死。

总之，李自成心高气傲、唯我独尊的心态，导致他对吴三桂的感受和行为一无所知，只按照自己的意愿一个劲儿地猛攻山海关。

吴三桂本来就不是一个胸怀民族大义的人，在自己被逼走投无路之时，他自然会投降清军，更何况多尔衮比李自成做得高明，他与吴三桂杀白马盟誓，相约永不相负，并许以封王封地。就这样，当八旗劲旅突然出现在李自成的农民起义军面前时，他们竟毫无准备，大惊失色，因为他们从来就没想到吴三桂会引清军入关。

李自成在西山上发现清兵已经进关，他想稳住阵脚，指挥抵抗，可已经来不及了，只好传令后撤。多尔衮和吴三桂的队伍里外夹击，起义军遭到惨重失败。血腥的改朝换代就从山海关这里开始了。

倘若李自成进京后能克制自己傲慢、浮躁的心态，虚怀若谷，礼贤下士，让吴三桂能踏踏实实地归顺过来，历史就大不一样了。即使吴三桂不投降，也应抱着冷静的心态从他的角度去分析一下他的感受和行为，以便采取相应的措施。遗憾的是，李自成陶醉于暂时的胜利中，只顾尽情地享受胜利的果实，他完全沉迷在自己的美梦之中。正因如此，当清军入关时，他才完全没有准备，惊慌失措，最后仓促逃离北京。

自信有助于一个人的成功，但脱离实际的自信只会导致失败。

凡是刚愎自用的人都有一定的能耐，一般都曾经取得过成功，因而从自信发展为自负，再到极致的傲气，不可一世，目中无人，唯我独尊。行为上骄横跋扈，独断专行，旁若无人。尽管他们没有跑到大街上宣称天下第一，但是，他们的所作所为都在无声地表达着这层意思。而人生的不幸，往往就从这个时候开始。

多听人言，以免自迷

【菜根原味】

波浪兼天，舟中不知惧，而舟外者寒心；猖狂骂坐，席上不知警，而席外者咋舌。故君子身虽在事中，心要超事外也。

【古典今译】

波涛滚滚，巨浪滔天，坐在船中的人不知道害怕，而在船外的人却感到十分恐惧；席间有人猖狂谩骂，席中的人不知道警惕，而席外的人却感到震惊。所以有德行的君子即使身陷事中，也要将心灵超然于事外才能保持清醒。

【智慧解析】

很多时候，我们的目光被禁锢在一个狭小的范围内。这个时候，光靠自信是远远不够的，我们必须听取别人的意见，汲取别人的经验教训，才能更好地克服重重困难。善于听取他人的意见，对于事业的成功是非常有益的。

贞观元年（公元627年）的一天，唐太宗李世民意外得到了一只漂亮活泼的小鹞（即雀鹰，可帮助打猎），喜出望外，戏逗入迷。忽见魏征进来奏事，怕魏征责怪自己玩物丧志，忙将鹞子藏到怀里。魏征佯作没看见，却故意唠唠叨叨，说个没完没了。等魏征退下，唐太宗才敢取出

第一卷 成与败——功业成败，在于进，也在于退

鹞子，可它早已被闷死了。又有一次魏征出外办事，回来后对李世民说："听说陛下要外出巡幸，浩大的装备都已布置妥当，怎么迟迟不动身呀？"唐太宗笑着说："前阵子有此打算，想到卿必定要来劝谏阻止的，所以干脆在卿谏阻前打消了念头。"魏征是贞观年间也可以说是我国古代最杰出的谏官，在短短的几年里，魏征所陈谏的事情多达200余件，且多被采用，深得唐太宗的赞赏。

魏征虽然有名，但当时敢于直言忠谏且劝谏有功的大臣绝非只有魏征一人。贞观年间，君臣共商国是，谏诤蔚然成风。这是我国封建社会政治史上的特异光彩，也是唐初"贞观之治"之所以引人注目的重要方面。像王珪、房玄龄、褚遂良、杜如晦……甚至包括长孙皇后，都是敢于犯颜直谏且卓有成效的进谏者。

王珪被荣封为侍中，便奉诏入谢。见有一美女侍立在李世民身旁。王珪觉得面熟，便故意盯着美女看。李世民只好向他说明："这是庐江王李瑗的姬人。李瑗听说她长得漂亮，就杀了她的丈夫而娶了她。"王珪听后故意问："陛下认为庐江王做得对还是不对？"李世民答："杀人而后抢人妻子，是非已很清楚，何必要问？"王珪说："臣听说齐桓公曾经向郭国遗老询问郭国败亡之因，遗老说是因为善的不用而恶的不除。今陛下纳庐江王侍姬，臣还以为圣上要肯定李瑗的做法，否则便是想自蹈覆辙了。"李世民一惊，接着说道："不是卿来提醒，朕差点要怙恶不悛，坚持错误了。"等王珪一离去，李世民即把美女放回娘家去了。

贞观六年三月，一次罢朝后，唐太宗大声怒骂道："总有一天我要杀死这个田舍翁！"长孙皇后忙问田舍翁是谁。唐太宗道："就是魏征！他多次在我身边絮叨，还常在朝廷上屈辱朕躬，必杀了他，才泄朕心头之恨！"长孙皇后听后大吃一惊，随后赶快退下。一会儿，她正儿八经地换上了上朝司礼用的严整朝服，向唐太宗拜贺道："妾听说君主清明，臣下才会忠

直。当朝既有魏征这样的忠直之臣,便可以想见陛下当政无比圣明了。"唐太宗听后,立即转怒为喜了。

贞观年间谏诤之风盛行一时,犯颜直谏、面折廷争的事例屡见不鲜,实在是举不胜举。当时上自宰相御史,下至县官小吏,旧部新进,甚至宫廷嫔妃,都不乏直言切谏之人。人们不禁要问:"何以在漫长的历史长河中,单单在贞观年间出现如此令人惊喜的开明局面呢?"

这不能不归功于唐太宗"恐人不言,导之使谏"的"采言纳谏"之道了。魏征说得好:"陛下导臣使言,臣所以敢言。如果陛下本是个不愿采言纳谏的君主,下臣们哪里敢触犯忌讳,以卵击石呢?"唐太宗非常欣赏"兼听则明,偏信则暗"的哲理。有一次,他把生平所珍藏的数十张"良弓"交给工匠验看,不料工匠看后却说,这些弓木心不正,脉理皆邪,统统不是良弓。于是唐太宗感叹说:"天下之务,其能遍知乎!"既然人无完人,就只能依靠"采言纳谏"来弥补。他对大臣们说:"朕高居于皇位,无法看清天下的各种细节。卿等分布各处,应该力求像朕之耳目一样,帮助朕增长见识。"

唐太宗既深知不"采言纳谏",必使自己愚昧固执,使国家昏暗衰败,因而千方百计要使"采言纳谏"之道得以切实施行。因此,他竭力鼓励极言规谏。早在他刚被立为皇太子时,就"令百民各上封事",广泛提出治国意见与建议。登基后,为打消臣下进言的顾虑,力求使自己和颜悦色,诚恳和气,并多次表示,即使是"直言忤意",也决不加以怒责。

不仅如此,唐太宗还从制度上来促进广开言路、"采言纳谏"的施行。他沿袭了隋朝三省六部制,同时又让一些职位稍低的官员以"参与朝政"的名义,加入最高决策层。特别规定重要政务都须经过各部门商量,经宰相筹划,认为切实可行时,再向他奏报。如果诏书有不稳妥之处，任何人都可以扣住，不准奉旨便立即施行，而应恪尽臣下上谏之责。唐太宗还特别重视对谏官的选择，并敢把杰出的谏官一步到位提到宰相的位置。

一个人做事就怕迷惑于其中却不自知，这样可能会把谬误当真理，把错误当正确。而要超然于事外，超脱于尘世，除了要有自身的高尚修养与较好素质，还要学会多听听别人的意见，多了解实际情况，所谓当局迷而旁观清，偏信暗兼听明。人处于事中不仅易迷且往往被其势所左右，变得激情磅礴，不能理智思考，冷静处之。故处事应身在局中而心在局外。

当然，我们不能因为"当局者迷，旁观者清"，于是只相信别人，让别人帮自己做决定。相信自己与听取别人意见看似是不可统一的矛盾双方，但二者却有统一的一面，它们正如我们的左膀与右臂，缺一不可。在竞争激烈的今天，我们既要相信自己，又要相信别人。

时局不利，韬光养晦

【菜根原味】

鹰立如睡，虎行似病，正是它攫人噬人手段处。故君子要聪明不露，才华不逞，才有肩鸿任钜的力量。

【古典今译】

老鹰站立时双目半睁半闭仿佛处于睡态，老虎行走时慵懒无力仿佛处于病态，实际上这些正是它们准备取食的高明手段。所以有德行的君子要做到不炫耀自己的聪明，不显示自己的才华，才能够有力量担当艰巨的任务。

【智慧解析】

在强大的对手面前，应该尽量把自己的锋芒敛蔽，表面上百依百顺，装出一副为奴为婢的卑躬姿态，使对方不起疑心，一旦时机成熟，即一举如闪电般地把对手结果了。这是韬晦的心术，人们常常借此自我保全，麻痹对手。

康熙继位时，依顺治皇帝遗命，由索尼、苏克萨哈、遏必隆、鳌拜四人辅政，这便是清初四大辅政大臣。

其中，尤以鳌拜最为骄横跋扈。鳌拜排在四辅政之末，但他野心很大，居功自傲，专横跋扈。老臣索尼一死，鳌拜便竭力拉拢遏必隆，威逼康熙处死劲敌苏克萨哈。苏克萨哈一死，鳌拜更是得意忘形，他独揽朝政，咆哮金殿，一再威逼康熙帝顺从自己的意愿。康熙十四岁亲政后，他不仅不还政于皇帝，反而结党营私，图谋弑君自立。

胸怀大志的康熙岂能甘心受制于人，但他觉得自己根基未稳，准备还不充分，于是索性不问政事，整天与一帮少年"游戏"，以造成一种自己昏庸无知的假象。其实在暗中，康熙在不断增加自己才智和实力，以待时机清除身边的隐患。

有一次，康熙着便服同索额图一起去拜访鳌拜，鳌拜见皇帝突然来访，以为事情败露，伸手由炕上的被褥中摸出一把尖刀，被索额图一把抓住。直到这时，康熙仍装糊涂说："这没什么，想我满人自古以来就有刀不离身的习惯，有何奇怪！"康熙此举让鳌拜对他彻底放松戒备。

另一方面，康熙密召索额图进宫商量除鳌拜之事。索额图是索尼之子，此时是康熙的侍卫，因忠诚任事而颇受康熙信任。二人密谋之后，康熙以陪伴自己娱乐为由，下令在八旗子弟中挑选十余名身强体壮的少年进宫，这十余人皆长得结结实实、头脑机灵、反应敏捷。康熙很是满意，下令这些少年每日练功并表演角斗、摔跤。每每鳌拜进宫奏事，康熙也不让他们回避，故意让鳌拜看见他与少年们在摔跤玩耍。鳌拜看在眼里，喜在心里：皇帝毕竟少年天性，喜好玩乐，胸无大志，荒废政事，假以时日自己必可以取而代之。

经过一段时间的谋划与培训，这些八旗子弟都成了康熙心腹。康熙八年五月，某日，康熙单独召见鳌拜。鳌拜正春风得意之时，不疑有他，遂大摇大摆地跨进宫门。谁知，他脚跟还没站稳，突地从两侧跳出一群少年，一拥而上，将鳌拜按倒在地。可笑权倾一时的鳌拜还没明白是怎么一回事，便已被擒了。

鳌拜被擒以后，康熙立即下诏由康亲王进行审讯。与此同时，鳌拜一派的其他成员亦纷纷被捕。最终，经康熙亲自核实，列出鳌拜罪状三十条，鳌拜一一招认。满朝文武皆上书要求处鳌拜以极刑。康熙念在鳌拜为朝廷效力多年，特给予宽大处理，免其死罪，改为终身监禁。就此，康熙终于做到了真正意义上的亲政，而被鳌拜陷害冤死的大臣亦都恢复了名誉。

当时的鳌拜党派，实力非常雄厚，相比之下，康熙则显得颇为势单力薄。但康熙能够以计取胜，施展手腕将其一朝解决，铲除后患。使得清初政局迅速改观，为日后的"康乾盛世"奠定了基础。此事的处理，充分显示了初登政治舞台的康熙卓尔不凡的政治头脑与处世才能。

康熙的策略对于我们来说，是很值得学习与借鉴的。很多时候，为了顾全大局，为了获得最后的胜利，我们不得不委曲求全，忍辱含垢。因为只有你忍得下、屈得了，才能担得起大任，才能打破不利局面，走出人生中的阴霾。

忍可成事，亦可保身。在纷扰复杂的人世间，磕磕碰碰在所难免，谁敢说绝不受一点委屈？倘若你一味冲撞，那么只能让自己伤痕累累。尤其是在职场上，明争暗斗已不足为奇。置身在这样复杂、矛盾的环境中，唯有忍得了屈，受得了辱，才能为自己保住一席栖身之地，借以休养生息、静待时机，争取最后的胜利。

藏巧于拙，以屈为伸

【菜根原味】

藏巧于拙，用晦而明，寓清于浊，以屈为伸，真涉世之一壶、藏身之三窟也。

【古典今译】

把机巧隐藏在平凡之中，用谦虚来掩盖自己的锋芒，在浊流中保持不染的高洁，以后退当作前进的步伐。才能既逍遥，又卓越。

【智慧解析】

一个人再聪明也不宜锋芒毕露，不妨装得笨拙一点；即使非常清楚明白也不宜过于表现，宁可用谦虚来收敛自己。志节很高也不要孤芳自赏，宁可随和一点；在有能力时也不宜过于激进，宁可以退为进，这才是真正安身立命、高枕无忧的处世法宝。

南朝刘宋王朝的开国皇帝宋武帝刘裕临死托孤于司空徐羡之、尚书仆射傅亮、领军将军谢晦、护军将军檀道济。并告诫太子刘义符，在这些人中，最难驾驭的是谢晦，应对他加以小心。

刘裕是个有作为有识见的开国皇帝。但不幸的是，一没选好继承人，二没有完全正确估计这几位顾命大臣。

刘裕死后，其长子刘义符即皇帝位，史称宋少帝。

刘裕的次子名义真，官南豫州刺史，封庐陵王。

刘裕的第三个儿子名义隆，封宜都王。即后来的南朝宋文帝。

刘义符做上皇帝后，不遵礼法，行为荒诞得令人啼笑皆非。

徐羡之在刘义符即位两年后，准备废掉刘义符另立皇帝。按刘义符的行为，废掉他是理所应当的。但徐羡之等人因为怀有私心，贪权恋位，谋权保位，竟把事情做绝，伏下了杀身之祸。

要废掉刘义符，就得有别人来接替皇帝的班。按顺序该是刘义真，但刘义真和谢灵运等人交好，谢灵运则是徐羡之的政敌。为了不让刘义真当上皇帝，徐羡之等人挖空心思，先借刘义符的手，将刘义真废为庶人。接着，徐羡之、傅亮、谢晦、檀道济、王弘五人合力，发动武装政变，废掉了刘义符，以皇太后的名义封刘义符为营阳王。

更糟糕的是，还没等新皇帝即位，徐羡之和谢晦竟主谋分别将刘义符、刘义真先后杀死。

他们拥立的新皇帝是刘义隆。刘义隆面对的是控制朝政大权的、杀死自己两个哥哥的几个主凶。

新皇帝当时正在江陵郡（治所在今湖北江陵）。徐羡之派傅亮等人前往迎驾。徐羡之这时又藏了个心眼，恐怕新皇帝即位后将镇守荆州重镇的官位给他人，赶紧以朝廷名义任命谢晦做荆州刺史、行都督荆湘七州诸军事，想用谢晦做自己的外援，将精兵旧将全都分配给了谢晦。

刘义隆面临着是否回京城做皇帝的选择。听到营阳王、庐陵王被杀的消息，刘义隆的部下不少人劝他不要回到吉凶莫测的京城。只有他的司马王华精辟中肯地分析了当时的形势，认为徐羡之、谢晦等人不会马上造反，只不过怕庐陵王为人精明严苛，将来算旧账才将他杀死。现在他们以礼来相迎，正是为了讨您欢心。况且徐羡之等五人同功并位，谁也不肯让谁，就是有谁心怀不轨，也因其他人掣肘而不敢付诸行动。殿下只管放心前往做皇帝吧！

于是刘义隆带着自己的属官和卫兵出发前往建康，果然顺利做上了皇帝，但朝廷实权仍在徐羡之等人手中。

刘义隆先升徐羡之等人的官，徐羡之进位司徒；王弘进位司空；傅亮加"开府仪同三司"，即享受和徐羡之、王弘相同的待遇；谢晦进号卫将军；檀道济进号征北将军。

同时认可徐羡之任命的谢晦做荆州刺史。谢晦还害怕刘义隆不让他离京赴任。但刘义隆若无其事地放他出京赴荆州。谢晦离开建康时，以为从此算是没有危险了，回望石头城说："今得脱危矣。"

刘义隆当然也不动声色地安排了自己的亲信，官位虽不高，但侍中、将军、领将军等要职都由他的亲信充任，从而稳定自己皇帝的地位。

第二年，即宋文帝元嘉二年（公元425年）正月，徐羡之、傅亮上表归政，即将朝政大事交由宋文帝刘义隆处理。徐羡之本人走了一下请求离开官场回府养老的形式，但几位朝臣认为，这样不妥，徐羡之又留下了。后人评论认为这几位主张挽留徐羡之继续做官的人，实际上加速了徐羡之的死亡。

当初发动政变的五个人中，王弘一直表示自己没有资格做司空，推让了一年时间，刘义隆才准许他不做司空，只做车骑大将军、开府仪同三司。

直到这一年年底，宋文帝刘义隆才准备铲除徐羡之等人。因惧怕在荆州拥兵的谢晦造反，先声言准备北伐魏国，调兵遣将。在朝中的傅亮察觉出事情不对头，写信给谢晦通风报信。

宋文帝元嘉三年（公元426年）正月，刘义隆在动手之前，先通报情况给王弘，又召回檀道济，认为这两个人当初虽附和过徐羡之，但没有参与杀害刘义符、义真的事，应区别对待，并要利用檀道济带兵去征讨准备在荆州叛乱的谢晦。

正月丙寅（公元426年2月8日），刘义隆在准备就绪后，发布诏书，治徐羡之、傅亮擅杀两位皇兄之罪。同时宣布对付可能叛乱的谢晦的军事措施。

就在这一天，徐羡之逃到建康城外二十里一个叫新林的地方，在一陶窑中自缢而死。傅亮也被捉住杀死。

谢晦举兵造反，先小胜而后大败，逃亡路上被活捉，后被杀死。

至此，宋文帝刘义隆由藩王而进京做上皇帝，由有名位无实权到成为名副其实的皇帝，最后顺利除掉杀"二王"的一伙权臣。

做人不宜过于暴露锋芒，要善于潜藏，要善于韬光养晦，男子汉大丈夫能屈能伸，方能成就大业。以守为攻，以退为进，同样能把主动权掌握在手里，胜券在握，潜藏不露才是人生的真正智慧。

伏久高飞，开先谢早

【菜根原味】

伏久者飞必高，开先者谢独早。知此，可以免蹭蹬之忧，可以消躁急之念。

【古典今译】

潜伏得越久的鸟，会飞得越高，花朵盛开得越早，也会凋谢得越快。明白了这个道理，就可以免去怀才不遇的忧愁，可以消除急躁求进的念头。

【智慧解析】

待时而动是所有人都懂得的道理，但不丧失一切可能的机会、把握火候则是衡量人的能力大小高低的标志。高洋在未发迹前，就是靠待时而动而得以成功的。

高洋是在他长兄高澄被杀、形势极端复杂的情况下显露出才华的。北周政权的基业是由高欢开创的。高欢本是东魏大臣。在镇压尔朱荣残余势力中掌握了东魏的实权，专政长达16年之久。高欢死后，长子高澄继立。高澄心毒手狠，猜忌刻薄，上无礼君之意，下无爱弟之情。高洋当时已18岁，已通晓政事，走上了政治舞台，并已经对高澄的地位构成威胁。如果他精明强干、才华外露的话，必然受到其兄的猜忌防范，也会引起属下僚佐的注意。

高洋字子进，史书上说他颇有心计，遇事明断而有见识。小时候，高欢为试验几个儿子的才器智能，让小哥儿几个拆理乱线，"帝（指高洋）独抽刀断之，曰：'乱者须斩'，高祖是之"。仅此一事就深得高欢的喜欢和重视，后封为太原公。

高欢死，高澄袭爵为渤海文襄王，因高洋年长，因有戒心。高洋"深自晦匿，言不出口，常自贬退。与澄言无不顺从"，给人一种软弱无能的印象，高澄有些瞧不起他，常对人说："这样的人也能得到富贵，相书还怎么能解释呢？"

高洋妻子李氏貌美，高洋为妻子购买首饰服玩，稍有好一点的，高澄就派人去要，李氏很生气，不愿意给，高洋却说："这些东西并不难求，兄长需要怎能不给呢？"高澄听到这些话，也觉得不好意思，以后就不去索取了。有时，高澄还给高洋家送些东西来，高洋也照收不误，决不虚情掩饰，因此兄弟之间相处还相安无事。

每次退朝还宅，高洋就关上宅院之门，深居独坐，与妻子亦很少言谈，竟能终日不发一言。高兴时，竟光着脚奔跑跳跃。李氏看到不觉诧异地问他在干什么，高洋则笑着说："没啥事儿，逗你玩的！"其实他终日不言谈，是怕言多有失。如此跑跳更有深意，一则可以彻底使政敌放松对自己的警惕，一个经常在家逗媳妇玩的人能有什么大志呢？二则借经常光脚跑跳之机，锻炼身体，磨炼意志，一种举动而收几种效果。正因如此，高澄及文武公卿等都把高洋看成一个痴人，丝毫没有放在眼中。

东魏武定七年（公元549年），渤海文襄公高澄在与几人密谋篡位自立的时候，被膳奴即负责做饭进餐的兰京所杀，重要谋士陈元康以身掩护高澄，身负重伤。当时事起仓促，高府内外十分震惊，高洋正在城东双堂，听说变起，高澄已被杀死，颜色不变，毫不惊慌，忙调集家中可指挥的武装力量前去讨贼,他部署得当,有条不紊。兰京等人本是乌合之众,出于气愤才杀死高澄,并没有任何预谋的政治目的,故不堪一击,片刻之间全部被斩首。

高洋下令,脔剖其尸以泄杀兄之忿。接着,就在其兄府中办公,召集内外知情人训话,说膳奴造反,大将军受伤,但伤势不重,对外不准走漏任何消息。众人听了,都大惊失色,想不到这位痴人在危急时刻居然如此冷静。夜里,陈元康断气而亡,高洋命人在后院僻静处挖个坑埋掉,诈言他奉命出使,并虚授一个中书令的官衔给他。高澄手握大权,高欢的许多宿将都铁心保高氏,但当时尚属意高澄而未注意到高洋。所以,高洋的这些应急措施果然奏效。外人都不知高澄已死,更不知高澄的重要谋士陈元康也被埋在土里,所以很快就稳住了局面。

高洋直接控制了高澄的府第和在邺都的武装力量后,当夜又召大将军都护太原唐巴,命他分派部署军队,迅速控制各要害部门和镇守四方。高欢的宿将故吏都倾心佩服高洋的处事果断和用人得当,人心大悦,真心拥护并辅佐高洋。

高澄已死的消息渐渐被东魏主知道了,暗自高兴,私下里和左右幸臣说:"大将军(指高澄)已死,好像是天意,威权应当复归帝室了。"高洋左右的人认为重兵都在晋阳,劝高洋早日去晋阳全部接管高欢及高澄的武装力量方可真正无忧。高洋以为有理,遂安排好心腹控制住邺都的整个局面。甲午日高洋进朝面君,带领8000名全副武装的甲士进入昭阳殿,随同登阶的就有200多人,都手持利刃,如临大敌。东魏孝静帝元善一看这种情形,心中恐惧,高洋只叩两个头,对魏主说:"臣有家事,须诣晋阳。"然后下殿转身就走,随从侍卫也跟着扬长而去。魏主目送之,说:"这又是个不相容的人,我不知会死在什么时候了。"

晋阳的老将宿臣,从来轻视高洋,当时尚不知高澄死信。高洋到晋阳后，立刻召集全体文武官员开会。会上，高洋英姿勃发，侃侃而谈，分析事理，处理事情全都恰如其分，且才思敏捷，口齿流利，与往常判若两人。文武百官皆大惊失色，刮目相看而倾心拥戴。一切就绪后，高洋才返回邺都为高澄发丧。

高洋早有代魏称帝的想法。一直在窥测风向蠢蠢欲动，但他不是明目张胆死打硬拼，或拉帮结派打击异己。这样自然民愤大、目标大而且容易为人所制，而是"守正"待时。平日里自贬自谦，与兄长融洽相处。但其居安思危，养尊处优时不忘锻炼自己，且能注意时局之变化，注意人才，确是有心计之人。高澄之死，他临事不慌，秘不发丧，很快控制了局面。观其隐秘陈元康之死而虚授中书令之职的做法，可见他有识人之明。高澄死后不到三天便果断前往晋阳先声夺人，真正控制高澄的全部武装力量，可见其善谋而能断。半年后，高洋于武定八年（公元550年）五月代东魏自立，建立了北齐政权。

一个有事业心的人，必须学会等待时机，儒家典型的原则是"穷则独善其身，达则兼济天下"。要想成就一番事业，就不能因为自己眼下的处境地位不如意而丧志，不能因为时间的消磨而灰心。古往今来功成名就者，有少年英雄，也有大器晚成。不管怎样，急于露头角就难于成气候，急功近利不足成大事，急躁情绪持久便容易患得患失，容易失望悲观。只有守正而待时，善于抓住机会而又坚定志向，才有可能走向成功。

事无不立，无立不成

【菜根原味】

忙里要偷闲，须先向闲时讨个把柄；闹中要取静，须先从静处立个主宰。不然，未有不因境而迁，随时而靡者。

【古典今译】

要在十分忙碌的时候抽出一点空闲松弛一下身心，必须先在空闲的时候有一个合理的安排和考虑；要在喧闹中保持头脑的冷静，必须先在平静时有个主张。如果不这样，一旦遇到繁忙或者喧闹的情形就会手忙脚乱。

【智慧解析】

事无不立，无立不成事。结果的达成并不是一朝一夕，一蹴而就的事情。它需要进行详细的分析，并制定出周密的规划，对要做的事情进行长远的统筹。

公元228年，诸葛亮率军北伐，一举攻占祁山，蜀军声势浩大，威震祁山南北。曹魏属地天水、南安、安宝三郡先后归顺蜀军。魏明帝曹睿亲临长安督战，魏军大将曹真率大军抵眉城抗击蜀军，蜀军前锋大将马谡，违反诸葛亮战前部署，被魏军趁机而入，致使街亭失守。诸葛亮得知街亭失守后，急忙调集军队，准备撤回汉中。诸葛亮分派仅剩的5000兵马去西城搬运粮草，这时得报司马懿统领15万大军已兵临城下。此时运粮士兵仅2000余人，城中兵马不足3000，众人听到大兵压境，无不大惊失色。诸葛亮深知，此时若弃城逃跑，无疑会暴露实情，在15万大军面前，必然无法逃脱。于是，他神情自若地传令军士："将城中所有战旗尽数放倒，所有兵士坚守城池，凡有擅自出入和大声喧哗者，一律斩首！"又命令将四方城门大开，每一城门处派20名军兵扮作百姓，洒水扫街，装作若无其事的样子。一切安排就绪后，诸葛亮头戴方巾，身披鹤氅，带两名小童，持琴登城。诸葛亮边弹琴边饮酒，一副安然悠闲的神态。

魏军先锋部队见状，不知虚实，急忙策马回报司马懿。司马懿听报随后来到城下，远远见到城上诸葛亮悠闲自得边饮边弹，二位小童站立身后，琴声悠悠不绝于耳。再看四处城门大开，每一城门处都有一二十名百姓，在细心地洒水扫路，对魏军视而不见。见状，司马懿心中大疑。他认为素来谨慎行事的诸葛亮，从不弄险，今天见他如此安然，城中秩序井然，15万大军压城犹如不见，其中必有埋伏。司马懿越想越怕，急忙传令撤兵。司马懿之子司马昭是员虎将，见要退兵，急忙劝阻司马懿说："诸葛亮手中可能无兵，必是在迷惑我们，不如让我带兵攻城，即可知虚实。"司马懿不准，15万魏军全部退却。诸葛亮见魏军远去，遂拍掌大笑，结果尽在意料之中。城中兵士见千军万马之险，顷刻间化作乌有，不由得惊喜交加。诸葛亮含笑对余悸未尽的兵士们说："司马懿素来知我谨慎，不曾轻易弄险，而今见我稳坐城头，安然饮酒抚琴，城门大开，百姓自若不慌，想我必定有奇兵伏于城中，所以不战而退了。此疑兵之计，是万不得已才用的，倘若随便用此计，一旦被敌人识破，必遭大败。"在众人的赞叹声过后，诸葛亮接着说："司马懿急切中退兵，必然选择小路，可速去通告关兴、张苞二位大将设伏。"

不出所料，司马懿正率军沿小路向北退却，行至武功山时，忽听得山后鼓炮齐鸣，杀声震天，只见冲出一队人马，将旗上写着张苞。司马懿以为这是诸葛亮早已埋伏好的蜀军，急令魏军不许恋战，拼死冲杀，以求生路。刚刚冲出不远，又是一声号炮，只见一队蜀军从左路向魏军冲来，一看将旗是关兴的兵马。司马懿大惊，更加确信这一切都是诸葛亮预先的计谋，一时间不知蜀军到底有多少兵马。魏军已成惊弓之鸟，丝毫不敢停留，丢掉粮草辎重，沿此路向山后溃逃。

静的时候要有主张，乱的时候要能镇定，要做到临事不慌，就应当事先计划和安排。虽然诸葛亮的空城计从表面上看不出计划和安排，但此计之所以能够成功，是和诸葛亮平时一贯精于计划和安排分不开的，司马仲达深知孔明一生谨慎，认定对方早有安排，所以才不敢攻城。

做事没有规划、没有条理的人，无论从事哪一行都不可能取得成绩。一位商界领袖把"做事没有条理"列为许多公司失败的一个重要原因。事实上，做事有计划对于一个人来说，不仅是一种做事的习惯，更重要的是反映了他的做事态度，是能否取得成就的重要因素。

第一卷 成与败——功业成败，在于进，也在于退

花看半开，酒饮微醉

【菜根原味】

花看半开，酒饮微醉，此中大有佳趣。若至烂漫酕醄，便成恶境矣。履盈满者，宜思之。

【古典今译】

鲜花在半开的时候欣赏最美，醇酒要饮到微醉时最妙，这里面有很深的趣味。如果等到鲜花盛开，酒喝得烂醉如泥时，那已经是恶境了。那些志得意满的人，要仔细考虑这个道理。

【智慧解析】

人生应有度，过则为灾。有道是："人无千日好，花无百日红。"做人做事不要太过，说话不要太尽，凡事都要留有余地，在权衡进退得失的时候，要注意适可而止。

太平军攻破江南大营后，清将向荣战死，太平军举酒相庆，歌颂太平军东王杨秀清的功绩。天王洪秀全便深居不出，军事指挥全权由杨秀清决断。告捷文报先到天王府，天王命令赏罚升降参战人员的事都由杨秀清做主，告谕太平军诸王。像韦昌辉、石达开等虽与杨秀清等同时起事，但地位低下如同偏将。清军大营既已被攻破，南京再没有清军包围。杨秀清自认为他的功勋无人可比，阴谋自立为王，胁迫洪秀全参拜他，并命令他在

下面高呼万岁。洪秀全无法忍受，因此召见韦昌辉秘密商量对策。韦昌辉自从江西兵败回来，杨秀清责备他没有功劳，不许入城；韦昌辉第二次请命，才答应。韦昌辉先去见洪秀全，洪秀全假装责备他，让他赶紧到东王府听命，但暗地里告诉他如何应付，韦昌辉心怀戒备去见东王。韦昌辉谒见杨秀清时，杨秀清告诉他别人对他呼万岁的事，韦昌辉佯作高兴，恭贺他，留在杨秀清处宴饮。酒过三巡，韦昌辉出其不意，拔出佩刀刺中杨秀清，当场穿胸而死。韦昌辉向众人号令："东王谋反，我已从天王那里领命诛杀他。"他出示诏书给众人看，又命令紧闭城门，搜捕东王一派的人予以灭除。东王一派的人十分恐慌，每天与北王一派的人斗杀，结果是东王一派的人多数死亡或逃匿。洪秀全的妻子赖氏说："祛除邪恶不彻底，必留祸。"因而劝说洪秀全以韦昌辉杀人太酷为名，施以杖刑，并安抚东王派的人，召集他们来观看对韦昌辉用刑，可借机全歼他们。洪秀全采用了她的办法。经此一劫，东王派的人差不多全被除尽，前后被杀死的多达三万人。

　　天道忌盈，人事惧满，月盈则亏，花开则谢，这些虽然是出于天理循环，实际上也是人的盈亏之道。事业达于一半时，一切皆是生机向上的状态，那时可以品味成功的喜悦；事业达于顶峰时，就要以"如临深渊，如履薄冰"的态度来待人接物，只有如此才能持盈保泰，永享幸福。否极泰来，物极必反，就像喝酒喝到烂醉如泥，就会使畅饮变成受罪。有些人就上演了使后人复哀后人的悲剧。往往事业初创时大家小心谨慎，而到成功之时，不仅骄奢之心来了，夺权争利之事也多了。所以每个欲有作为的人都应记住"月盈则亏，履满宜慎"的道理。

第一卷 成与败——功业成败，在于进，也在于退

顺境逆境，欣戚两忘

【菜根原味】

子生而母危，镪积而盗窥，何喜非忧也？贫可以节用，病可以保身，何忧非喜也？故达人当顺逆一视，而欣戚两忘。

【古典今译】

孩子出生时母亲面临着生命危险，财富积累多了就会招致盗贼窥视，怎能说这是喜而不是忧呢？贫穷可以使人养成节俭的作风，患病可以使人注意养生，如何说这是忧虑不是喜事呢？所以通达的人应将顺境和逆境同样看待，将高兴和忧愁同时忘掉。

【智慧解析】

自己的人生应由自己把握，无论如何，都不要被生命中的悲欢离合、坎坎坷坷困住。命运对待每个人都很公平，它为你关上一扇门的同时，必然会为你打开一扇窗，能不能让人生充满阳光，就要看我们是躲在阴暗的角落里默默哭泣，还是积极地寻找那扇窗，推开它，迎接阳光。

赵申玉拥有一个称得上完美的家庭：丈夫杨子诺事业有成，儿子杨峰品学兼优，双方父母都身体健康，她自己则在家当一名养尊处优的全职太太。她对自己的生活状态很满意，觉得生活就是这样，已经没有什么遗憾了。

可是上天看不得她享受幸福生活，一场突如其来的变故打碎了她的幸福。

财务部经理卷走了丈夫公司所有的钱，给杨子诺留下了一个烂摊子：没有资金周转，公司已经无法运转；有债务关系的纷纷上门要债，声称不还就诉诸法律。公司陷入了生死两难的境地，杨子诺背负着巨大的压力。

遇到的问题虽一时难以解决，可是终会有解决的办法，丈夫杨子诺是个很有能力的人，所以赵申玉并没有很恐慌。可是巨大的压力令杨子诺心脏病突发，离开了人世，所有的担子都压到了赵申玉的身上。

赵申玉一下子蒙了，长期的安逸生活让她不知如何应对这场变故。丈夫的离世、公司的难题，都让她心力交瘁，她甚至想追随丈夫而去。可是看看双鬓斑白的老人，想想尚未成年的儿子，她无法撒手西去，她必须挑起这副沉重的担子。她想尽办法筹钱，可是这个时候无人伸出援助之手。看着堵住家门的债主，赵申玉苦不堪言。她费尽口舌向众人解释，希望可以多宽限些时日。或许是看在她孤儿寡母的份上，众人没有过分地难为她，最后答应给她一些时间让她再想办法。

债务的问题暂时解决了，可公司还是一个烂摊子。没有周转的资金，赵申玉只好把自己的房子做了抵押，用微薄的资金支撑起公司的运作。公司勉强运作起来了，可是人员也快流失光了，大部分人都不愿待在风雨飘摇的公司里，只有少数的几个人留了下来。

因为公司停运了一段时间，所以想要恢复以前的运作需要花费很大的精力，而且赵申玉对公司的业务是完全陌生的，所有的东西她都要从头学起。

接下来的日子，赵申玉一边虚心向公司老员工求教，一边照顾老人孩子，高强度的劳作让她疲惫不堪。可是看到渐渐有起色的公司和安稳的家庭，她把所有的苦都咽进肚子里，然后继续努力。

经过两年的艰苦努力，赵申玉还清了所有债务，公司也重新进入了正轨。

此时的赵申玉，已不再是当年的悠闲主妇，而变成了一位坚强、能干的女强人。苦难没有打倒她，反而为她展示了一番新的天地。

事物是可以相互转化的。在一定条件下，福可以转为祸，忧可能转为喜。一个意志坚强的人在喜忧祸福中之所以不动心，是因为他明确地认识了这个道理。所以他在失败中总能寻找到成功的因素，在成功时总能思虑危险的成分，在喜悦中总能注意探求不利因素。

持之以恒，水到渠成

【菜根原味】

绳锯木断，水滴石穿；学道者须加力索；水到渠成，瓜熟蒂落，得道者一任天机。

【古典今译】

把绳索当锯子摩擦久了可锯断木头；水滴落在石头上时间一久就可穿透坚石，同理做学问的人也要努力用功才能有所成就；各方细水汇集在一起自然能形成一道溪流，瓜果成熟之后自然会脱离枝蔓而掉落，同理修行学道的人也要听任自然才能获得正果。

【智慧解析】

人生路上,我们能否获得成功,往往就在于,当目标确立以后,是不是可以百折不挠地去坚持、去忍耐,直至胜利为止。

挫折,我们难以避免,这是毫无疑问的事情。而在失败的重重打击之下,最简单、最合乎逻辑的做法就是放手不干——大多数人都是这样想的,也是这样做的。这,给我们带来了什么?——我们可能已经通过一些努力走到了今天这个程度,但不幸的是,恰恰是由于某个逆境,我们的心软弱了,我们放弃了努力,我们停止了一切行动。于是,我们之前的一切辛苦统统付之东流……成功最怕的就是这个!如果说一个人每每树立一个目标,又每每只做一点点,每每遇到哪怕是一丁点的挫折,就打退堂鼓,那么终其一生这个人也难以登上大雅之堂。

所以,坚持很重要,一个人无论想做成什么事,坚持都是必不可少的,坚持下去,才有成功的可能。说起来,我们坚持一次或许并不难,难的是一如既往地坚持下去,直到最后获得成功。但是,如果我们这样做了,恐怕就没有什么事情能够难倒我们了。

出生在河南农村的门焕新打小就喜欢写写画画,不过父母对他的爱好并不认可,他们坚持认为只有好好学习将来才会有出息,只有做教师的舅舅给予了他极大的支持。门焕新的舅舅也是一位书画爱好者,并且具有一定的造诣,少年时的门焕新在舅舅的指导下,书画技艺已经达到了一定的水准。

然而,与此同时,门焕新的学习成绩却在不断下滑。1984年的高考,他名落孙山。这时的门焕新是很想复读再考的,但家庭条件不允许,母亲含着泪对他说:"儿啊,家里实在没有能力供你读书啊,是爸妈对不起你。"望着已渐渐有些白发的父母,门焕新不得不暂时顺从命运的安排。

离开校门,门焕新农作之余依然保持着对书画艺术的强烈热爱。除了

第一卷 成与败——功业成败，在于进，也在于退

舅舅，家人和亲戚邻里都在给他泼冷水，但他不为所动，他觉得自己就是喜欢书画，只要不断学习，说不准哪天也能成了书画家呢。

有一次，门焕新用心画了一幅农村田园风光图，得到了舅舅的极大赞许，并鼓励他将这幅画投递给河南农民报社。不久以后，《河南农民报》文艺版就把这幅画刊登了出来。门焕新高兴得一夜没有合眼，这次小小的成功大大地增强了他的自信心。

后来，由于家境困难，为了供弟弟妹妹上学，门焕新不得不背起行囊外出打工。他打工的第一站是开封，这段日子十分辛苦，他白天出一天的苦力，到了晚上几乎连胳膊都抬不起来，哪还有心思和精力去练习书画呢？这个时候，门焕新有点迷茫了，他问自己："难道我就是个做苦力的命吗？""不，绝不可以这样！我无法放弃对书画的热爱！"想要摆脱命运的门焕新当即做出一个决定：白天工作，晚上去拜访当地书画界有名望的前辈，让他们给自己指一条明路。不久，门焕新打听到开封市文联主席王宝贵家的地址，这位书法名家建议门焕新进入专业院校进修，系统地学习专业知识。

到专业院校进修——这是门焕新少年时就有的渴望啊！可是他哪有钱呢？不过这一次，门焕新没有向命运妥协，他又找了一份兼职工作，拼了命去挣钱。半年以后，勉勉强强攒足了学费，门焕新终于如愿以偿地进入河南书法函授院研修班。

得益于专业系统的学习，门焕新的书画水平有了极大的提升，他的作品屡屡发表在国内一些颇具影响力的报刊上。不过，这时的他已经结婚生子，生活压力越来越大，他只得再次踏上打工之路。

这一次，门焕新辗转了开封、安阳、郑州、常州、杭州、福州等十几个城市。每到一处，他都会前去拜访当地书画界的名家，虚心地向他们请教。此外，他还通过各种途径，到当地书画院校蹭课偷艺。他就这样一边

辛苦劳作，一边不断地汲取着多方的知识。

　　2004年初，有位朋友告诉他，福建省福清市国家级科普教育基地正在招收书画艺术类老师，他立刻带着自己发表过的作品和一份简历前去面试，结果，招聘负责人只匆匆扫了一眼简历就拒绝了他，因为他一不是科班出身，二没有名气。但门焕新并没有气馁，他做出了一个大胆的决定：带着作品，直接去找福清市国家级科普教育基地负责人毛遂自荐。

　　门焕新的自信和胆识让对方刮目相看，更令他感到意外的是，这样一个貌不出奇、名不见经传的农民工，竟然发表过这么多优秀的书画作品。当即，那位负责人决定聘用门焕新为基地书画培训班老师，但需要一个月的试用期检验他的成效！

　　第一天授课，门焕新虽然讲得有些生硬，普通话也不够标准，但学生们都听得很认真。再次登台，他已经表现得非常轻松和从容。学生们也都被他那精湛的书画技艺所吸引。一个星期以后，负责人告诉他："你可以提前通过试用期了，我们决定和你签订正式合同！"门焕新几乎要跳起来了，可以说从这一刻起，他扭转了命运，真正走进了书画界的大门。

　　2004年夏，门焕新的作品被编入一些权威的典籍中，他在书画界的影响力越来越大，翌年，他先后加入了河南省书画协会、中国书画家协会，成为真正意义上的书画家。

　　从靠出苦力为生的农民工到令人敬仰的大学讲师，不得不说门焕新创造了一个奇迹。然而对此，他在接受采访却淡淡地说："我一生痴迷书画艺术，没有理由不成功；我几十年如一日追求书画艺术，也没有理由不成功。只要不抛弃梦想，不放弃追求，每个人都会创造这样的奇迹！"

　　绳锯木断、水滴石穿是经年修行的积累所致，锲而不舍、金石可镂，就是刻苦修习的结果。无论学道，还是习艺，坚持始终如一，认准了就干下去，不改初衷，自然会水到渠成、瓜熟蒂落。正如俗语所说，上天不负有心人，百炼成钢，功成圆满。求学问道不能有一蹴而就的思想，要勤于积累不断充实自己。积累就得勤学。历史上勤学苦练的事太多了，头悬梁、锥刺骨的故事代代相传。传说李白少年求学，遇一老人在磨铁棒，要把铁棒磨成针，李白奇怪地问可能吗，老人很自信地说：只要功夫深，铁棒磨成针。李白由此得到启发。玄奘西游以及愚公移山的寓言，都在说明"绳锯木断，水滴石穿"的道理。

天道忌盈，业不求满

【菜根原味】

事事留个有余不尽的意思，便造物不能忌我，鬼神不能损我。若业必求满，功必求盈者，不生内变，必招外忧。

【古典今译】

做任何事都要留余地，不要把事情做得太绝，这样即使是造物主也不会忌妒我，神鬼也不能伤害我。假如一切事物都要求尽善尽美，一切事业都希望登峰造极，即使不为此而发生内乱，也必然为此而招致外患。

【智慧解析】

如果在事业上一定要做得尽善尽美，追求十分完满，必然操之过急，即使不发生内部变故，也一定会招致外患。如果那样，到了一定地步却没有退路，进退两难，甚至会有更大的麻烦。所以做事要适可而止，不仅要留有余地而且要给自己留一条后路。"天道忌盈，业不求满"，这是每个人应该遵循的为人处世的方式和人生哲理。

商鞅是战国时期的卫国人，姓公孙，所以也叫卫鞅或公孙鞅。他原本在魏国宰相公叔座手下任中庶子，帮助公叔座掌管公族事务。

公叔座很欣赏商鞅的才华，曾建议魏惠王用商鞅为相，但魏惠王瞧不起商鞅，便没有答应；公叔座死前又向魏王建议，魏王仍没有起用商鞅。

公叔座死后，失去了靠山的商鞅便投奔到了秦国。通过宠臣景监的荐举，秦孝公多次同商鞅长谈，发现商鞅是个难得的治国奇才，便"以卫鞅为左庶长，卒定变法之令"。

秦孝公之所以看重商鞅，是因为当时新兴地主阶级认为封建生产关系已经登上政治舞台，社会正处于新兴的封建制取代奴隶制的大变革时期，商鞅变法正好适应了社会变革的需要。同时秦孝公也是一位奋发有为的君主，商鞅提出的一整套富国强兵的办法，也正好符合他的愿望。

商鞅变法的主要内容是：废除井田制，从法律上确认封建土地所有制，"为田开阡陌封疆，而赋税平"。商鞅特别重视农业生产，鼓励垦荒以扩大耕地面积；建立按农、按战功授予官爵的新体制，以确立封建等级制度；废除奴隶制的分封制，普遍实行法治，主张刑无等级。

商鞅变法的基本内容都是促使社会发展的进步措施，当然会受到许多守旧"巨室"的反对。变法之初，专程赶到国都来"言初令之不便者以千数"，甚至太子还带头犯法。为了使变法顺利实施，商鞅毫不留情，"刑其傅公子虔，黥其师公孙贾"，真正做到了"王子犯法与庶民同罪"。结果，新法实行十年，秦国便国富兵强，乡邑大治。最后，秦孝公成为战国霸主。

然而，正当商鞅在秦国功勋卓著的时候，他的心情却反而感到孤寂和迷惘，为什么会这样呢？他自己也弄不懂。于是，商鞅便去请教一个名叫

第一卷 成与败——功业成败，在于进，也在于退

赵良的隐士。他对赵良说，秦国原本和戎狄相似，我通过移风易俗加以改除，让人们父子有序，男女有别。这咸阳都城，也由我一手建造，如今冀阙高耸，宫室成区。我的功劳能不能赶上从前的百里奚呢？百里奚是秦穆公时的名臣，现在商鞅和百里奚比，当然颇有一点委屈的情绪。谁知赵良却直率地说：

"百里奚一得到信任，就劝秦穆公请蹇叔出来做国相，自己甘当副手；你却大权独揽，从来没有推荐过贤人。百里奚在位六七年，三次平定了晋国的内乱，又帮他们立了新君，天下人无不折服，老百姓安居乐业；而你呢，国人犯了轻罪，反而要用重罚，简直把人民当成了奴隶。百里奚出门从不乘车，热天连个伞盖也不打，很随和地和大家交谈，根本不要大队警卫保护；而你每次出外都是车马几十辆，卫兵一大群，前呼后拥，老百姓吓得唯恐躲闪不及。你的身边还得跟着无数的贴身保镖，没有这些，你敢挪动半步吗？百里奚死后，全国百姓无不落泪，就好像死了亲生父亲一样，小孩子不再歌唱，舂米的也不再喊着号子干活，这是人们自觉自愿地敬重他；你却一味杀罚，就连太子的老师都被你割了鼻子。一旦主公去世，我担心有不少人要报复你，你还指望做秦国的第二个百里奚，岂非可笑？为你着想，不如及早交出商、於之地，退隐山野，说不定还能终老林泉。不然的话，你的败亡将指日可待。"

后来的事实不幸被赵良所言中，商鞅变法之所以能够成功，主要是他能够抑制上层保守派的反抗，例如刑及太子的老师。试想，太子犯法尚且不容宽恕，老百姓当然只有遵照执行了。但这同时，也就给商鞅埋下了致命的败因。"商君相秦十年，宗室贵戚多怨恨者。公子虔杜门不出已八年矣。"一旦有机可乘，上层保守派肯定会合而攻之。

秦孝公死后，太子继位，是为秦惠王，公子虔等人立即诬告"商君欲反"，并派人去逮捕商鞅。商鞅走投无路，最后只好回到自己的封地商邑，

秦发兵攻打，商鞅被杀于渑池。秦惠王连死后的商鞅也不放过，除了把商鞅五马分尸外，还诛灭其整个家族。

事事留有余地，从多方面考虑事物发展的大势，无论为文还是从政经商都有大益。俗话说，做日短，看日长。要考虑到将来的前程，设身处地地想，人生的福分就像银行里的存款，不能一下子就透支，应当好好珍惜，精打细算，方能细水长流。不因一时贪心毁坏将来的名声，抱持平常心，乃是得乐的大法。

第二卷 名与利

——脱尽名利缰锁,世界原来自大

脱俗成名，减欲入圣

【菜根原味】

作人无甚高远事业，摆脱得俗情，便入名流；为学无甚增益功夫，减除得物累，便超圣境。

【古典今译】

做人并不一定需要成就什么了不起的事业，能够摆脱世俗的功名利禄，就可跻身于名流；做学问没有什么特别的好办法，能够去掉名利的束缚，便进入了圣贤的境界。

【智慧解析】

生命的悲哀不在于贫穷，而在于贫穷时所表露的卑微，在于因为物质而变得无知，从而失去存在的价值感和方向感。所以，我们要随时检点自己的心灵，找到灵魂深处的闪光之处，别让它的灵光为物质所遮蔽。

宋代的程颢，字伯淳，号明道，少年即中进士，后久任地方官，理政以教化为先，所辖诸乡皆有乡校。他为人宽厚，平易近人，待人接物"浑得一团和气"。他不仅"仁民"，而且"爱物"，"其始至邑，见人持竿道旁，以黏飞鸟，取其竿折之，效之使勿为"，人们议论说，"自主簿折黏竿，乡民子弟不敢畜禽鸟。不严而令行。大率如此"。但是，为了破除神怪迷信，他却敢于斩巨龙而食其肉："茅山有龙池，其龙如蜥蜴而五色。

自昔严奉以为神物。先生尝捕而脯之，使人不惑。"

程颢任镇宁军节度判官时，适逢当地发生洪水，曹村堤决，州帅刘公涣以事急告。他当即从百里之外一夜驰至，对刘帅说："曹村决，京城可虞。臣子之分，身可塞亦为之。请尽以厢兵见付，事或不集。公当亲率禁兵以继之。"刘帅遂以官印授予程颢，说："君自用之。"程颢得印后，径赴决堤，对士卒们说："朝廷养尔军，正为缓急尔。尔知曹村决则注京城乎？吾与尔曹以身捍之！"士众皆被感而自效力。他先命善泅者衔细绳以渡，然后引大索以济众，两岸并进，昼夜不息，数日而合。

在进身仕途的同时，程颢也不失归隐林泉的仙家道趣，他曾写诗说："吏纷难久驻，回首羡渔樵。""功名未是关心事，道理岂因名利荣。""辜负终南好泉石，一年一度到山中。""襟裾三日绝尘埃，欲上篮舆首重回；不是吾儒本经济，等闲争肯出山来。"正因为有这样的修养和情操，才使他获得了温润、宽厚、和气、纯粹等美德。他那种大中至正的人格形象，对世人具有很大的示范和感化作用，这也是他对后世产生较大影响的一个重要原因。程颢后来以双亲年老为由求为闲官，居洛阳十几年，与其弟程颐讲学于家，化行乡党。其教人则说："非孔子之道，不可学也。"士人从学者不绝于馆，甚至有不远千里而至者。

做人向往逍遥率性而为，自然不在于钱财的富足与官爵的显赫，而在于心无牵念，行为不羁。抛弃名利的心头枷锁，无论思想理智皆得到自由。潇洒云水，放浪春秋，亦是人生真正境界。

放得功名，便可脱凡

【菜根原味】

放得功名富贵之心下，便可脱凡；放得道德仁义之心下，才可入圣。

【古典今译】

如果能够抛弃功名富贵之心，就能做一个超凡脱俗的人；如果能够摆脱仁义道德之心，就可以达到圣人的境界。

【智慧解析】

人生的价值究竟应怎样诠释？每个人心中都有一个答案。但事实上，名利、金钱绝不是衡量人生的标准，为功名利禄而活只是愚人的行径，智者追求的财富除了金钱以外，还包括健康、青春、智慧等等……

严子陵是我国古代著名的隐士，会稽余姚人。他的本名叫严光，子陵是他的字。严光年轻时就是一位名士，才学和道德都很受人推崇。当时，严光曾与后来的汉光武帝刘秀一道游学，二人是同窗好友。

后来，刘秀当了皇帝，成为中兴汉朝的光武帝，光武帝便想起了自己的这位老同学。因为找不到叫严光的人，所以就命画家画了严光的形貌。然后派人"按图索骥"，拿着严光的画像四处去寻访。过了一段时间之后，齐国那个地方有人汇报说："发现了一个男人，和画像上的那个人长得很像，整天披着一件羊皮衣服在一个湖边钓鱼。"

第二卷　名与利——脱尽名利缰锁，世界原来自大

刘秀听了这个报告，怀疑这个钓鱼的人就是严光，于是就派了使者，驾着车，带着厚礼前去聘请。使者前后去了三次才把此人请来，而且此人果然就是严光，刘秀高兴极了，立刻安排严光住下，并派了专人伺候。

司徒侯霸与严光是老熟人了，听说严光来到朝中，便派自己的属下侯子道拿自己的亲笔信去请严光。侯子道见了严光，严光正在床上躺着。他也不起床，就伸手接过侯霸的信，坐在床上读了一遍。然后问侯子道："君房（侯霸的字叫君房）这人有点痴呆，现在坐了三公之位，是不是还经常出点小差子呀？"侯子道说："侯公现在位极人臣，身处一人之下万人之上，已经不痴了。"严光又问："他叫你来干什么呀？来之前都嘱咐你些什么话呀？"侯子道说："侯公听说您来了，非常高兴，特别想跟您聊聊天，可是公务太忙，抽不开身。所以想请您等到晚上亲自去见见他。"严光笑着说："你说他不痴，可是他教你的这番话还不是痴语吗？天子派人请我，千里迢迢，往返三次我才不得不来。人主还不见呢，何况侯公还只是人臣，难道我就一定该见吗？"

侯子道请他给自己的主人写封回信，严光说："我的手不能写字。"然后口授道："君房足下：位至鼎足，甚善。怀仁辅义天下悦，阿谀顺旨要断绝。"侯子道嫌这回信太简单了，请严光再多说几句。严光说："这是买菜吗？还要添秤？说清意思就行了嘛！"

侯霸得到严光的回信很生气，第二天一上朝便在刘秀面前告了一状。光武帝听了只是哈哈大笑，说："这可真是狂奴故态呀！你不要和这种书生一般见识，他这种人就是这么一副样子！"侯霸见皇上如此袒护严光，自己也就不好说什么了。

刘秀劝过侯霸，当时便下令起驾去见严光。

大白天的，严光仍是卧床不起，更不出迎。光武帝明知严光作态，也不说破，只管走进他的卧室，把手伸进被窝，抚摸着严光的肚皮说："好你个

严光啊，我费了那么大的劲把你请来，难道竟不能得到你一点帮助吗？"

严光仍然装睡不应。过了好一会儿，他才睁开眼睛看着刘秀说："以前，帝尧要把自己的皇位让给许由，许由不干，和巢父说到禅让，巢父赶快到河边洗耳朵。士各有志，你干什么非要使我为难呢？"光武帝连声叹道："子陵啊，子陵！以咱俩之间的交情，我竟然不能使你折节，放下你的臭架子吗？"严光此时竟又翻身睡去了。刘秀无奈，于是只好摇着头登车而去了。

又过了几天，光武帝派人把严光请进宫里，两人推杯换盏，把酒话旧，说了几天知心话。

刘秀问严光："我和以前相比，有什么变化没有？"

严光说："我看你好像比以前胖了些。"

这天晚上，二人抵足而卧，睡在了一个被窝。严光睡着以后，把脚放在了刘秀的肚子上。第二天，主管天文的太史启奏道："昨夜有客星冲撞帝星，好像圣上特别危险。"刘秀听了大笑道："不妨事，不妨事，那是我的故人严子陵和我共卧而已。"

刘秀封严光为谏议大夫，想把严光留在朝中。但严光坚决不肯接受那种做官的束缚，终于离开了身为皇帝的故友，躲到杭州郊外的富春江隐居去了。后来汉光武帝又曾下诏征严光入京做官，但都被严光回绝了。严光一直隐居在富春江的家中，直到80岁才去世。为了表示对他的崇敬，后人把严光隐居钓鱼的地方命名为"严陵濑"。传说严光钓鱼时蹲坐的那块石头，也被人称为"严陵钓坛"。

由于严光不屈于权势，不惑于富贵，颇合于孟子所提倡的"威武不能屈，富贵不能淫"的精神，所以便成为儒教所推崇的隐士典范。

中国古典小说《红楼梦》中，有一段《好了歌》十分精彩。"世人都晓神仙好，唯有功名忘不了"，结果是"荒冢一堆草没了"。说到底，只有

"好",才能"了",关键在于"了"字。这个"了"看似容易,但做起来却极难。许多人都说荣辱如流水,富贵似浮云,但老是在功利、虚名、荣华中解脱不开,身受束缚,结果身名俱损。

　　要知道,名利、物质上的富有只是一种狭隘、虚浮的富有,而心灵上的富足,才是真正的富有。人生的真正价值应在于,你能否利用有限的精力,为这世界创造无限的价值。一如露珠,若在阳光下蒸发,它只能成为水汽;若能滋润其他生命,它的价值就得到了升华,这才是真正的价值所在。

人生苦短,何争名利

【菜根原味】

　　石火光中争长竞短,几何光阴?蜗牛角上较雌论雄,许大世界?

【古典今译】

　　在电光石火般短暂的人生中较量长短,又能争到多少的光阴?在蜗牛触角般狭小的空间里你争我夺,又能夺到多大的世界?

【智慧解析】

　　人处于世间,如果能从宇宙的角度、用历史的眼光来看待人生,会深感人生之渺小,生命之短暂。以此而言,争强斗胜、求名夺利意义何在?会生活得更好吗?苏东坡说:"西望夏口,东望武昌,山川相缪,郁乎苍苍,此非孟德之困于周郎者乎?方其破荆州,下江陵,顺流而东也,舳舻千里,旌旗蔽空,酾酒临江,横槊赋诗,固一世之雄也,而今安在哉!"

很早以前有一位国王,名叫难陀。他非常贪心,拼命聚敛财宝,希望把财宝带到他的后世去。他心想:我要把全国的珍宝都收集起来,一点都不留。因为贪婪,他把自己的女儿安置在一座楼上,吩咐奴仆说:"如果有人带着财宝来求我的女儿,把这个人连他的财宝一起送到我这儿来!"他用这样的办法聚敛财宝,全国没有一个地方会留有宝物,所有的财宝都进了国王的仓库。

那时有一个寡妇,她只有一个儿子,心中很是疼爱。这儿子看见国王的女儿姿态优美,容貌俏丽,很是动心。可他家里穷,没法去见国王的女儿。不久,他生起病来,身体瘦弱,气息奄奄。他母亲问他:"你害了什么病,病成这样?"

儿子把实情告知于母亲:"如果不能和国王的女儿交往,我必死无疑。"

"但国内所有的财宝都被国王收去了,到哪弄钱呢?"母亲又想了一阵,说道,"你父亲死时,口中含了一枚金币,如果把坟墓挖开,可以得到那枚金币,你用它去见国王的女儿吧。"

儿子依母亲所言,挖开父亲的坟墓,从口中取出金币。随后,他来到国王女儿那里。于是乎,他连同那枚金币被送去见国王。国王问道:"国内所有的财宝,都在我的仓库里,你从哪里得来这枚金币?一定是发现地下宝藏了吧!"

国王用尽种种刑具,拷问寡妇的儿子,想问出金币的来处。寡妇的儿子辩解:"我真没有发现地下宝藏。母亲告诉我,先父死时,放过一枚金币在口中,我就去挖开坟墓,取出了这枚金币。"

于是,国王派人去检验真假。使者前去,发现果有其事。国王听到使者的报告,心想:"我先前聚集这么多宝物,想把它们带到后世。可那个死人却连一枚金币也带不走,我要这些珍宝又有何用?"

从此,国王不再敛财,一心教化民众,他的国家也因此日渐兴盛。

自然界的沧桑陵谷、沧海桑田,万物的生老病死,冥冥中自有注定,一切尽在生往异灭之中。你看那果子似未动,实则时刻皆在腐朽之中。纵使是人类赖以生存的地球,再历亿万年之久,也终将毁灭。名利、地位、金钱,莫不如是。既如此,我们又何必为物欲所累,惶惶不可终日呢?须知,纵使金银砌满楼,死去何曾带一文?

超越天地,不入名利

【菜根原味】

彼富我仁,彼爵我义,君子固不为君相所牢笼;人定胜天,志一动气,君子亦不受造化之陶铸。

【古典今译】

别人拥有富贵我拥有仁德,别人拥有爵禄我拥有正义,如果是一个有高尚心性的正人君子,就不会被统治者的高官厚禄所束缚;人的力量一定能够战胜自然力量,意志坚定可以发挥出无坚不摧的精气,所以君子当然也不会被造物者所局限。

【智慧解析】

为人,应淡看富与贵。要知道,有所求的乐,如腰缠万贯乃至一国之尊的富贵，是混沌和短暂的；无所求的乐，即"身心自由无欲求"的富贵心态，才是一种纯粹和永恒的乐。人生中真正有价值的，是拥有一颗开放的心，有勇气从不同的角度去衡量自己的生活。

三国时期，管宁拒绝公孙瓒授予的高位，管宁还谢绝了公孙瓒的挽留，不住公孙瓒为他准备好的华丽住宅，而决定到人迹罕至的深山定居度日。当时，来到辽东避难的士民百姓多居住在辽东郡的南部，以随时关注中原局势，准备在中原安定之后，返回故乡。独管宁定居于辽东北部深山，以表明终老于此地，不复还家之志。他在入山之初，居住在临时依山搭建的草庐之中。随后，马上着手凿岩为洞，作为自己的永久居室。

管宁道德高尚，名闻遐迩。他在深山定居不久，许多仰慕他的人都追随他而到山中垦辟田地谋生。不久，在管宁定居的地方，居然鸡鸣狗叫，人烟稠密，自成邑聚。

管宁是笃信好学守死善道的儒生。他以为无论何时何地，都应该按照儒学礼制规范人们的言行。因而，在他的周围聚集了众多的避难者之后，他就向人们宣讲《诗经》《尚书》等儒家经典的深奥内涵，并陈设俎豆，饰威仪，讲礼让。他自己则身体力行，以高尚的道德感化民众。在他们居住的深山中，地下水位很低，凿井不易。仅有的一口水井又很深，汲水困难。因此，每当打水人多的时候，总是男女错杂，有违儒家礼制。有时，还发生因争先恐后而吵闹以致械斗之事。管宁看在眼里，忧在心中。于是，他自己出钱买了许多水桶，命人悄悄地打满水，分置井旁，以待来打水的人。那些年轻气盛的粗莽壮汉，见到井边常有盛得满满的水桶排列整整齐齐，个个惊奇万分。他们终于打听到是管宁为避免邻里争斗而为之，不由得反躬自省而羞惭万分，遂各个自责，相约不复争斗。从此之后，邻里和睦，安居乐业。有一次，邻居家的一头牛，践踏管宁的田地，啃吃田中的禾苗。管宁没有把牛打跑，怕这头无人管束的牛被山中野兽咬死。他命手下人把牛牵到荫凉之处，饮水喂食，照料得比牛的主人还要细心。牛主失牛之后，到处寻找牛的下落。当他看到自己的牛非但没有被殴打，而且受到无微不至的照料，十分愧疚，千恩万谢地离去了。就这样，管宁以自己宽容礼让的节操感化了周围的民众。他的名声也传遍了辽东郡。原本因管宁不愿与自己合作而心怀不满，进而又对其来意疑虑重重的公孙瓒，也理解了管宁隐居求志的初衷，长舒了一口气，放下心来。

　　一个活得洒脱的人，不应为身外物所累。不受富贵名利的诱惑，具有高风亮节的君子，其胜过争名夺利的小人的一个重要因素，在于君子保持自我的人格和远大的理想，超然物外，不为任何权势所左右，甚至连造物主也无法约束他。遵从大义，相信自我，一个有为的人理应锻炼自己的意志，开阔自己的心胸，铸造自己的人格，不为眼前的名利所累，把眼光放得长远。具有了人定胜天的气概，广阔天地任我驰骋。

德在人先，利居人后

【菜根原味】

宠利毋居人前，德业毋落人后，受享毋逾分外，修为毋减分中。

【古典今译】

获得名利的事情不要抢在别人前面去争取，积德修身的事情不要落在别人后面，对于应得的东西要谨守本分，修身养性时则不要放弃自己应该遵守的标准。

【智慧解析】

争强好胜者未必掌握真理，而懂得退避的人，往往能给人一种修养深厚，胸襟坦荡之感，因而也更容易获得别人青睐，成就自己的一番事业。

人生于世，若是能够学会不争，懂得以退为进，就会得到一个更广阔的空间。

清朝末年，江南有一富豪，风流成性，妻妾成群，为他生了一大堆儿子。

数十年一晃而过，眼看自己一天比一天老去，富豪便开始思索为自己挑选一位继承人，以不使家业败落。可是，这么一大帮儿子，管家的钥匙到底该交给谁呢？老富豪为此大伤脑筋。

众儿子也知道老爷子时日不多了，为了能执掌家业，便开始明争暗斗，你争我夺起来。

在此其中，只有一个儿子从未参与争夺。他只是默默地站在老爷子身旁，竭尽所能地帮老爷子办事。眼看着儿子们的争斗，老富翁终于想明白了，这把管家的钥匙交给争吵中的任何一个儿子，都会使家道败落。最后，他将所有家业都托付给了那个不争的儿子。

人的品质修省是从实际的利益中体现和磨炼出来的。范仲淹说"先天下之忧而忧，后天下之乐而乐"，表现了一种传统的优良的人生态度。现在提倡"吃苦在前，享乐在后"，表现的同样是"德在人先，利居人后"的境界。在名利享受上不争先，不分外；在德业修为上时时提高，是个人走向品德高尚的具体表现。

老子曾经说过："夫唯不争，故天下莫能与之争。"只要有一种看透一切的格局，就能做到豁达大度；把一切都看作"没什么"，才能在慌乱时，从容自如；忧愁时，增添几许欢乐；艰难时，顽强拼搏；得意时，言行如常；胜利时，不醉不昏。只有如此放得开的人，才是豁达大度之人。

不管什么是非都去计较的话，你哪还有时间去享受生活？在我们生活的社会里，许多事情，尤其是小事情，如果看开一些，自己的心胸就宽大了。

名不独享，过不推脱

【菜根原味】

完名美节，不宜独任，分些与人，可以远害全身；辱行污名，不宜全推，引些归己，可以韬光养德。

【古典今译】

完美的名誉和节操，不要一个人独占，必须分一些给旁人，才不会引发他人忌恨招来祸害而保全生命；耻辱的行为和名声，不可以完全推到他人身上，要自己承揽几分，才能掩藏自己的才能而促进品德修养。

【智慧解析】

我们为人处世时，万不可使某一事物沿着某一固定的方向发展到极端，而应在发展过程中充分认识其各种可能性，以便有足够的条件和回旋余地采取机动的应对措施。留余地，也就是不要把事情做绝，不把事情做到极点，于情不偏激，于理不过头。这样，才会使自己得以游刃有余。

长孙皇后祖先为北魏拓跋氏，她出生在一个官宦之家，父亲长孙晟隋时官至右骁卫将军。她从小爱好读书，通达礼仪，13岁时嫁给李世民为妻。唐朝建立后，她被册封为秦王妃。当李世民与李建成之间的嫌隙日益加深之时，她对唐高祖尽心侍奉，对后宫嫔妃也殷勤恭顺，极力争取他们对李世民的同情，竭力消除他们对秦王的误解。"玄武门之变"前夕，她又对秦府幕僚亲切慰勉，左右将士无不为之感动。李世民登基以后，被立为皇后。

她深知身为"国母"，其行为举止对皇上的影响相当大，因此，她处处注意约束自己，处处做嫔妃们的典范，从不把事情做过头。

她不尚奢侈，吃穿用度，除了宫中按例发放的，不再有什么多余的要求。她的儿子承乾被立为太子，有好几次，太子的乳母说东宫供应的东西太少，不够用，希望能增加一些。可是长孙皇后说："做太子最发愁的是德不立，名不扬，哪能光想着宫中缺什么东西呢？"

长孙皇后从不干预朝中政事，尤其害怕自己的亲戚以她的名义结党营私，威胁李唐王朝的安全。李世民很敬重她，朝中赏罚大臣的事常跟她商量，但她从不表态，也不把自己看得特别重要。

长孙皇后的哥哥长孙无忌和唐太宗为布衣之交，又在唐朝建立前后和玄武门之变中立有大功，因此，太宗把他视为知己，打算任他为宰相，执掌朝政。皇后听说后，就对太宗说："妾既被立为皇后，尊贵已极，我实在不想让兄弟子侄布列朝廷。汉朝的吕后、霍光之家，可为前车之鉴。所以，我请您千万不要把兄长任为宰相。"在长孙皇后的再三阻拦下，唐太宗只给长孙无忌加开府仪同三司这样的虚衔。

长孙皇后所生的长乐公主，被唐太宗视为掌上明珠。因此，在公主出嫁之时，唐太宗赏赐的物品要比唐高祖的女儿长公主出嫁时的物品多出一倍有余。为此，魏征当面向唐太宗提出异议。下朝后，唐太宗把魏征的意见转告皇后，长孙氏当即便深有感触地说："我以前听说陛下对魏征很器重，但并不了解其中缘故。今天我听了他的谏言之后，才真正明白他是一位十分正直的社稷之臣。忠言逆耳利于行，良药苦口利于病。请陛下深思这个道理，那就是天下的最大幸运了。"

贞观八年，长孙皇后同唐太宗一起去九成宫（在今陕西麟游）避暑时，身染疾病，且愈来愈重，服用了很多药物，但病情却并未缓解。这时，在身边服侍的太子李承乾就向母亲提请用赦免囚徒和度人入道等方法，乞求保佑，但却遭到皇后的坚决拒绝。

她说："大赦是国家的大事，佛、道二教也自有教规。如果可以随便就赦免囚徒和度人入道，就必定会有损于国家的政体，而且也是你父皇所不愿意的。我岂能以一妇人而乱天下之法。"太子听罢，便不敢向太宗奏告，只是把他母亲的话告诉了房玄龄，房玄龄又转告给了太宗。太宗听后，感动得涕泪交流，泣不成声。

贞观十年六月，长孙皇后弥留之际，与唐太宗最后诀别。她用尽气力对太宗说："我的家族并无什么大的功勋、德行，只是有缘与皇上结为姻亲，才身价百倍。要想永久保持这个家族的名誉、声望，我请求陛下今后不要让我的任何一个亲属担任朝廷要职，这是我对陛下最大的期望。我活着的时候对国家并没有丝毫功绩，所以死后也千万不要厚葬，仅因山而葬，不起坟墓，不用棺椁，所需器物，都用木、瓦制作，俭薄送终。如能这样，就是陛下对我的最大纪念。"说完不久，就死在后宫立政殿。同年十一月，葬于昭陵。

做人不能只沾美名，害怕责任，应当敢于担责任，担义务。从历史上看，一个人有伟大的政绩和赫赫的战功，常常会遭受他人的嫉妒和猜疑。

历代君主多半都杀戮开国功臣，因此才有"功高震主者身危"的名言出现，只有像张良那样功成身退善于明哲保身的人才能防患于未然。所以君子都宜明了居功之害。遇到好事，总要分一些给其他人，绝不自己独享，否则易招致他人忌恨，甚至杀身之祸。完美名节的反面就是败德乱行，人都喜欢美誉而讨厌污名。污名固然能毁坏一个人的名誉，然而一旦不幸遇到污名降身，也不可以全部推给别人，一定要自己面对现实承担一部分，使自己的胸怀显得磊落。只有具备这样涵养德行的人，才算是最完美而又清高脱俗的人。让名可以远害，引咎便于韬光，这本身就是对待名利的一种良策。

木石之心，远离欲境

【菜根原味】

进德修道，要个木石的念头，若一有欣羡，便趋欲境；济世经邦，要段云水的趣味，若一有贪著，便坠危机。

【古典今译】

凡是培养道德磨炼心性的人，必须具有木石般坚定的意志，如果对世间的名利奢华稍有羡慕，那么就会落入被物欲困扰的境地；凡是治理国家拯救世间的人，必须有一种行云流水般淡泊的胸怀，如果有了贪图荣华富贵的念头，就会陷入危险的深渊。

第二卷 名与利——脱尽名利缰锁，世界原来自大

【智慧解析】

人与欲望之间，是一场没有硝烟永不会停息的战争，不是人将欲望压制，就是欲望将人奴役，当欲望泛滥之时，即使那念头堂而皇之，也禁不住它将人拉入堕落的深渊。人过于贪婪，秉性就会变得懦弱，就有可能屈服于欲望，违心去做一些不该做的事情。

要避免出现这种受制于欲的无奈，就需要我们把欲望克制在一个合理的尺度上，清心而寡欲，淡泊而守志，如此才能刚锋永在，清节长存。

靖难之变后，朱棣攻下应天，继承帝位，改号永乐，史称成祖。论功行赏，姚广孝功推第一。《明史》有一段叙评："帝在藩邸，所接皆武人。独道衍定策起兵。及帝转战山东、河北，在军三年，或旋或否，战守机事皆决于道衍。道衍未曾临战阵，然帝用兵有天下，道衍力为多。"故成祖即位后，姚广孝位势显赫，极受宠信。先授道衍僧录左善世。永乐二年（公元1404年）四月拜善大夫太子少师。复其姓，赐名广孝。成祖与语，称少师而不呼其名以示尊宠。然而当成祖命姚广孝蓄发还俗时，广孝却不答应，赐予府第及两位宫人时，仍拒不接受。他只居住在僧寺之中，每每冠带上朝，退朝后就穿上袈裟。人问其故，他笑而不答。他终生不娶妻室，不蓄私产。他曾因公干至家乡长洲，悉将朝廷所赐金帛财物散给宗族人。唯一致力其中的，是从事文化事业。曾监修太祖实录，还与解缙等纂修《永乐大典》。学术思想上颇有胆识，史称他"晚著道余录，颇毁先儒"，当然，也曾招致一些人的反对。

永乐十六年（公元1418年）三月，姚广孝病重，成祖多次探视，问他有何心愿，他请求赦免久系于狱的建文帝主录僧溥洽。成祖入应天时，有人说建文帝为僧循去，溥洽知情，甚至有人说他藏匿了建文帝。虽没证据，溥洽仍被枉关十几年。成祖朱棣听了姚广孝这唯一的请求后立即下令释放溥洽。姚广孝闻言顿首致谢，不久病逝。成祖停止视朝二日以示哀

悼。赐葬房山县东北，命以僧礼隆重安葬。追赠推诚辅国协谋宣力文臣、特进荣禄大夫、上柱国、荣国公，谥恭靖，并亲制神道碑表彰其功。

由于贪图名利或浮躁的念头，人们的思想与行为才发生了偏离。所以《菜根谭》要求我们"具木石心"，始终专一坚定，矢志不渝，把人做得更为高妙。云水逍遥之处，才是自由快乐的家乡。统治集团内部的斗争十分激烈复杂，一不小心，就会被卷入残酷的政治斗争中，轻则身败名裂，重则身首异处。而姚广孝具有木石般的坚定信念，在处理各种复杂问题上，表现出过人的智慧，而且在功成名就时不贪功、不争利，以忍让保全身名。因此，他的人生宛如云水般自在潇洒，达到了圆融完满的境界。

壁立千仞，无欲则刚

【菜根原味】

我不希荣，何忧乎利禄之香饵？我不竞进，何畏乎仕宦之危机？

【古典今译】

我不去追求荣华富贵，怎么会担心名利和官禄的诱惑呢？我不想升官发财，怎么会担心官场上潜伏的各种危机呢？

【智慧解析】

名利对于想图功名者来说才是陷阱，而对于轻名利者则不是陷阱。

有一次，孟子本来准备去见齐王，恰好这时齐王派人捎话，说是自己

第二卷　名与利——脱尽名利缰锁，世界原来自大

感冒了不能吹风，因此请孟子到王宫里去见他。

孟子觉得这是对他的一种轻视，于是便对来人说："不幸得很，我也病了，不能去见他。"

第二天，孟子便要到东郭大夫家去吊丧，他的学生公孙丑说："先生昨天托病不去见齐王，今天却去吊丧。齐王知道了怕是不好吧？"

孟子说："昨天是昨天，今天是今天，今天病好了，我为什么不能办我想办的事情呢？"

孟子刚走，齐王便打发人来问病，孟子的弟弟孟仲子应付差役说："昨天大王有命令让他上朝，他有病没去，今天刚好一点，就上朝去了，但不晓得他到了没有。"

齐王的人一走，孟仲子便派家丁在孟子回家的路上拦截他，让他不要回家，快去见齐王。

孟子仍然不去，而是到朋友景丑家住了一夜。

景丑问孟子："齐王要你去见他，你不去见，这是不是对他太不恭敬了呢？况且这也不合礼法啊。"

孟子说："哎，你这是什么话？齐国上下没有一个人拿仁义向齐王进言，难道是他们认为仁义不好吗？不是的。他们只是认为够不上同齐王讲仁义，这才是不恭敬哩。我呢，不是尧舜之道不敢向他进言，这难道还不够恭敬？曾子说过，'晋国和楚国的财富我赶不上，但他有他的财富，我有我的仁，他有他的爵位，我有我的义，我为什么要觉得比他低而非要去趋奉不可呢？'爵位、年龄、道德是天下公认为最宝贵的三件东西，齐王哪能凭他的爵位便轻视我的年龄和道德呢？如果他真这样，便不足以同他相交，我为什么一定要委屈自己去见他呢？"

孟子说："养心莫善于寡欲。其为人也寡欲，虽有不存焉者，寡矣；其为人也多欲，虽有存焉者，寡矣。"这是在告诫我们要收敛自己日益膨

胀的欲望，不然品性将会变质，即所求越多，所失越大。对此，郑板桥也有自己独到的见解，他说："海纳百川有容乃大，壁立千仞无欲则刚。"意思是说：大海之所以无限宽广，是因为它可以容纳众多河流，这里借指人心；千仞绝壁之所以能够巍然耸立，是因为它没有世俗的欲望，借喻人只有做到清心寡欲，才能达到"大义凛然（刚）"的境界。清末民族英雄林则徐在禁烟时，将其作为自己的座右铭，意在告诫自己：只有广纳人言，才能博取众长，把事情做得更好；只有杜绝私欲，才能如大山般刚正不阿，屹立于世。林则徐受命于民族危难之际，以此对来警醒自己，他所倡导的这种精神着实令人敬佩，对于我们而言有着莫大的借鉴意义。

忧勤勿过，澹泊勿枯

【菜根原味】

忧勤是美德，太苦则无以适性怡情；澹泊是高风，太枯则无以济人利物。

【古典今译】

尽心尽力去做事本来是一种很好的美德，但是过于认真心力交瘁，使精神得不到调剂就会丧失生活乐趣；把功名利禄都看得淡本是一种高尚的情操，但是过分清心寡欲而冷漠，对社会大众也就不会有什么贡献了。

第二卷 名与利——脱尽名利缰锁，世界原来自大

【智慧解析】

我们做人做事，凡事要适度，不要走极端；要注意掌握节奏，适当调节。比如，人不能无所事事，太闲了会闲出病来的，但又不能大忙，忙得喘不过气来，那样会垮掉的。身体是革命的本钱，调节保养全靠自己，不要让生命过快耗尽，也不要让它在无所事事中消磨掉。掌握平衡的权利在每个人自己手中。

陶渊明不为五斗米折腰，采菊东篱，种豆南山，精神上是够幸福的。但他作为理智的性情中人，也应考虑基本的物质需求。

陶渊明几次出仕，当的都是小官吏。以他的个性来说，绝不可能巧取豪夺。既然打算要隐退，总得要为日后的衣食作打算，做些物质的准备才行。因此，陶渊明费尽周折谋取到了离家不远的彭泽令的职务。这次做官的目的就是"聊欲弦歌以为三径之资"。他还打算将公田全部种上秫米，用来酿酒备饮。但是，他的妻子反对全部田地种上秫米，劝他也要种些粮食，陶渊明才决定五十亩种秫、五十亩种粳米，以实现他"吾尝醉于酒足矣"的美好打算。这次赴任正好赶上岁末，有位督邮前来视察，旁人提醒他应该穿戴好官服毕恭毕敬，陶渊明一听就心里不满，督邮算什么？我怎么能为五斗米折腰呢？恰在这时，他妹妹病故了，借此机会，他就奔丧去了，彭泽县便成了他仕途中的最后一站。他从29岁起出仕，到41岁归隐田间，前后共13年。在这13年中，仕与隐的矛盾始终交织并贯穿始终，而且越往后斗争越激烈，采菊东篱，种豆南山，一个"猛志逸四海"的有理想、有抱负、慷慨激昂的青年，最后还是痛苦地"觉今是而昨非"。

陶渊明虽然向往林泉之趣的淡泊生活，但他要考虑到生计温饱问题，"吾尝醉于酒足矣"，艺术同生活的矛盾确实需要调和。

什么事情都讲究适度的原则。"富贵于我如浮云"，心境也就自然平静

清凉，如此无忧无虑该是何等飘逸潇洒。不过什么事都不要走极端，假如以淡泊为名而忘记对社会的责任，忘记人间冷暖以致自我封闭就不对了，甚至演变为不管他人瓦上霜而自私自利，就会被人视为没有公德没有责任感甚至有害于社会，这样就会被社会大众所唾弃。勤于事业，忙于职业是美德，是一种敬业精神，但如果陷于事务而不能自拔，如果因无谓的忙碌而心力交瘁失去自我是不足取的。

第三卷 学与用

——宽展沉睡的心智,勃发激扬的才情

修德忘名，读书深心

【菜根原味】

学者要收拾精神，并归一路。如修德而留意于事功名誉，必无实诣；读书而寄兴于吟咏风雅，定不深心。

【古典今译】

做学问就要集中精神，一心一意致力于研究。如果在修养道德的时候仍不忘记成败与名誉，必定不会有真正的造诣；如果读书的时候只喜欢附庸风雅，吟诗咏文，必定难以深入内心，有所收获。

【智慧解析】

历来做学问讲究个勤字，勤中苦，苦中乐，本来就没捷径可寻，所谓"读书之乐无窍门，不在聪明只在勤"，有一分耕耘才能有一分收获。课堂上所学只是师傅领进了门，要想有高深造诣全靠自己下苦功。读书只知道吟风弄月讲求风雅，寻章摘句不务实学不求甚解也不深思，这种人永远不可能求到真才实学。

三株药业集团总裁吴炳新，出身贫寒，面对残酷的人生，吴炳新过早地挑起生活的重担，下地捡粪、除草、灭虫、挖地、挑水等体力活一年干到头，从不空闲。直到11岁时，大哥决定，再穷也要让炳新上学读书，苦难的生活使炳新朦胧地懂得，穷人的孩子要想有出头之日，自古以来就是要靠读书。这样才能自己养活自己，才能有立足之地。

第三卷　学与用——宽展沉睡的心智，勃发激扬的才情

　　吴炳新十分珍惜这来之不易的学习机会，拼命地学习，争分夺秒地往前赶课程。没有书，就用手抄；没有纸，用石板代替；没有笔，用石块画。夏天的晚上，别人乘凉聊天的时候，他趴在油灯下苦读；冬天双手冻得通红僵硬，他照旧写字做算术。放学后，他跟大哥去干农活也随身带上一本书，休息时，不是大声朗读课文就是用树枝写写画画。这样，悟性很高的吴炳新仅用4年时间就学完了6年的高小课程。这时，贫穷中断了他的学校生活。不能在学校学习，吴炳新就开始借书读，只要谁家有书，他就去借，别人不肯借，他就硬赖在别人家里看。

　　每个人的人生道路不同，有的人是在实干中学习的，也获得了成功，而对于吴炳新来说，由于年龄已大，起步晚，就必须更早地做好准备，等机遇出现时，才可能及时抓住。

　　1954年，全国普遍成立了初级社，16岁的吴炳新自告奋勇当了村初级社会计。由于他的运算能力过人，加之讲起话来滔滔不绝，头头是道，乡亲们就给他取了两个绰号"铁算子"和"铜嘴子"，后来他又成了11个高级社的总会计。1958年，吴炳新被乡亲们推选去支援包钢建设，包头矿务局把他招收为国家正式职工。由于他忠实可靠，工作出色，不久就担任了主管会计，后来又被提升为销售科长。面对这些吴炳新并不满足，他感觉到自己的能量没有完全发挥出来，与老同志比，与知识分子比，与矿上一些有文化的人比，差距很大，尽管自己努力工作，可总是赶不上人家。经过一段时间的思考，他发现自己最大的弱点是知识不够，理论功底不坚实。为此，他发誓要补上这一课。

　　他夜夜攻读，心无旁骛，对政治、经济、历史、文学广泛涉猎。

　　他成了一个学习狂，什么都学，没有目标没有边际。要不是改革开放年代到来，他会这么一直学下去。

　　当吴炳新在学习的汪洋大海中载沉载浮时，1978年党的十一届三中全

会胜利召开了。吴炳新凭着自己的学识经历，强烈地意识到一个新时期的来临。这对于个人来说，既是机遇，也是挑战，吴炳新在一次又一次的反省、剖析自己的过程中深刻地认识到，在经济社会中要有所作为，特别是要有大的作为，非要进一步充实自己的经济理论不可。在吴炳新的知识结构中，经济理论比较薄弱，尤其是商品经济理论更为薄弱。于是他又一次给自己制订了一个完整的学习计划，以求能大展宏图。

吴炳新尽自己一切力量在包头搜集他能搜集到的一切经济学著作。他白天工作，晚上经常学习到深夜。这样，他系统地学习了欧洲的工业史，尤其是对资本以及由资本所带来的一切社会变迁进行了认真的探讨研究。然后他又研读了大量的经济学理论，从英国的大卫·李嘉图的古典经济学理论开始，到马克思、列宁的经济理论，吴炳新付出了大量的心血。他最不能忘记的是读马克思的《资本论》的日子，一天晚上，他和一位教师，后在三株辉煌时期担任过三株公司下属的研究所所长的王龙卿讨论积累趋势的时候，情激之处，两个人开始大声地辩论起来，他的妻子还误认为吴炳新和王龙卿在吵架，马上赶来劝阻他们。一直讨论到下半夜，两个人饥肠辘辘，吴炳新才找来一碟花生米和半瓶散装老白干。三杯酒下肚后，两人又进入激烈的讨论状态。

吴炳新在这段时间里，不仅研读了大量的经济学著作，而且还写下了数十万字的经济学论文。这些颇有独到见解的论文，虽然是十多年之后才得以面世，但它仍在经济学界、社会学界、文化界、金融界、新闻界、政界、商界引起了巨大反响。

做学问，打拼的是脑力，须耿耿于怀、念念不忘。一个人，毕生向学，专注，坚持，几十年如一日，咬定青山不放松，建立并不断巩固自己专业领域的根据地，自然能够在本专业掌握话语权，取得他人无法取代和难以超越的成就，在学术史上，占据一席之地。

第三卷　学与用——宽展沉睡的心智，勃发激扬的才情

心地干净，方可读学

【菜根原味】

心地干净，方可读书学古。不然，见一善行，窃以济私，闻一善言，假以覆短，是又藉寇兵而济盗粮矣。

【古典今译】

心中有一方净土，能够做到纯洁无瑕的人，才能够研读诗书，学习圣贤的美德。如果不是这样的话，看见一个好的行为就偷偷地用来满足自己的私欲，听到一句好话就借以来掩盖自己的缺点，这种行为便成了向敌人资助武器和向盗贼赠送粮食了。

【智慧解析】

读书修学，在于安于贫寒心地安宁。美文佳作，却是人间真情。心地无瑕，犹如璞玉，不用雕琢，而性情如水，不用矫饰，却馥郁芬芳。读书寂寞，文章贫寒，不用人家夸赞溢美，却尽得天机妙味，体理自然。

金圣叹是明末清初的一位大文人，他满腹才学，却无心功名八股，安心做个靠教书评书养家糊口的"六等秀才"。在独尊儒术，崇尚理学的时风中，他偏偏独独钟爱为正统文人所不齿的稗官野史，被人称为"狂士""怪杰"，他对此全不在意，终日纵酒著书，我行我素，不求闻达，不修边幅。当时人记载，说他常常饮酒谐谑，谈禅说道，能三四昼夜不醉，

仙仙然有出尘之致。

　　清顺治十八年二月，顺治帝驾崩，哀诏发到金圣叹家乡苏州，苏州书生百余人借哭灵为由，哭于庙，为民请命，请求驱逐贪官县令任维初，这就是震惊朝野的"哭庙案"。清廷暴怒，捉拿此案首犯18人，均处斩首。金圣叹是为首者之一，自然也难逃灾厄，但他毫不在乎，临难时的《绝命词》，没有一个字提到生死，只念念不忘胸前的几本书，赴死之时，从容不迫，口赋七绝。《清稗类钞》记载，他在被杀当天，写家书一封托狱卒转给妻子，家书中也只写有："字付大儿看，盐菜与黄豆同吃，大有胡桃滋味，此法一传，吾无遗憾矣。"

　　做学问，当有"孤往精神"，若为了给学术派上学术之外的用场，使学术失真变味，蜕化为追逐名利的工具、讨价还价的砝码，投机钻营的手段，那"学"也就失去了它本来的意义。在当今的社会，物欲横流，如果不能坚守自己的本心，总是受外界的影响，受社会风气的影响，那么人也会被融入这种疯狂的追求中，人人如此，整个社会就会呈现出一种浮躁的风气，那么又何谈学业的精进呢？而且飞速地发展，躁动地追求，产生的也会是这样的产物。人处在社会中，如果不能够坚守本心，那么他身上优秀的品质便会逐渐湮灭，取而代之的或许是周围的不良风气。只有坚守自己的本心，不受那种不良风气影响，人的心才会静，品格才会高，社会也才会更加和谐。

学以致用，注重实际

【菜根原味】

读书不见圣贤，如铅椠庸；居官不爱子民，如衣冠盗；讲学不尚躬行，如口头禅；立业不思种德，如眼前花。

【古典今译】

研读诗书却不洞察古代圣贤的思想精髓，只会成为一个写字匠；当官却不爱护黎民百姓，就像一个穿着官服、戴着官帽的强盗；讲习学问却不身体力行，就像一个只会口头念经却不通佛理的和尚；创立事业却不考虑积累功德，就像眼前昙花一样会马上凋谢。

【智慧解析】

在社会上求生存，光"学"是远远不够的。如果你不能将学到的知识、经验进行加工整合，变成自己的东西，就永远都不可能得到真正的学问。只有经过实践的磨炼才能成为"活智慧"，陆游说："纸上得来终觉浅，绝知此事要躬行。"就是这个道理。

春秋末年，战国初年，在我国出了一位举世闻名的医学家——扁鹊。

扁鹊的医术很高明，有许多动人的故事。

有一次，他和他的两个徒弟路过虢国。恰好虢国的太子"死"了。京城里闹闹嚷嚷，有的人在祈祷，有的人忙着奔丧。

扁鹊找到了太子的从属官中庶子，详细地询问了太子发病的情况和"死亡"的时间，便说："我觉得太子还可以活过来。"

中庶子说："你这话说得太离奇了吧！死了的人怎么还能复活呢？这恐怕连一两岁的小孩子也是不会相信的。"

扁鹊说："既然您不相信，那就让事实说话吧——请您向国君报告一下，就说有一个名叫扁鹊的人，能救太子的命。现在等候在宫外，听候国君的吩咐。"

中庶子既然不相信这话，自然也就不愿意为他通报。后来，经过扁鹊的再三说服，中庶子才把扁鹊的话报告了国君。国君一听说扁鹊能把死去的太子治活，赶快跑出来迎接。

经过扁鹊的诊断，认为太子是"尸厥症"发作，也就是我们现在说的"休克"或"假死"。扁鹊师徒三人，赶快抢救。不一会儿，太子果然活了，接着又进行热敷，还让他吃了二十天的汤药，虢太子完全恢复了健康。

从这以后，天下人都盛传扁鹊有起死回生之术。扁鹊听了，却实事求是地说："我怎么能把死人治活呢！太子的这种病，只是表面静如死状，实际并没真死；我只是用适当的治疗方法，把他从垂死中挽救过来罢了。"

又有一次，扁鹊经过齐国。齐侯用接待宾客的礼节招待他。不料，他见到齐侯就说："您生病了。现在还在肤浅的部位，如不赶快治疗，会向严重的方向发展。"

齐侯说："我没病。"

扁鹊听了这话就走开了。扁鹊走后，齐侯对他左右的大臣们说："当医生的就是见钱眼开，想要靠给没病的人治病，来显示自己的医术高明，博取名利。"

过了五天,扁鹊又来见齐侯,说:"您的病已经发展到血脉里了,如不治疗,还会往深处发展。"

齐侯又说:"我没病。"脸上显出很不高兴的样子。

又过了五天,扁鹊又来了,说:"您的病已经发展到肠胃里,如不赶快治疗,还会更严重。"

齐侯连理也没理他,扁鹊只好又走了。又过了五天,扁鹊又来了,他看了看齐侯的脸色,扭头就往回走。这一走,齐侯却慌了神了,赶忙叫人问扁鹊是怎么回事。扁鹊说:"齐侯的病已经发展到骨髓里了,我已经无能为力了。"

果然不几天,齐侯便呜呼哀哉了。

扁鹊这样的故事还有很多,是一时说不完的。

扁鹊把他所学的医术运用到实践,为祖国医学作出了巨大贡献,他首先确立了"望、闻、问、切"的诊断方法。所谓"望"就是观病人的气色,看病人的舌苔;所谓"闻",就是听病人的呼吸和说话声音;所谓"问",就是问病人的发病经过,自我感觉;所谓"切",就是按脉搏,诊断心、肝、肺、胃、脾、肾等处有什么毛病。他在实践中所总结的这些诊断技术,成了中医的传统诊断方法,至今仍被采用。此外,他还注意常见病、多发病的预防和治疗,会运用汤药之外的针灸、石砭、热敷、按摩等多种治疗方法。并具有一定的朴素的唯物主义思想,提出了不给"骄恣不论于理""信巫不信医"等人治病的"六不治"之说。这些都是非常可贵的。

我们提倡走出书斋,从实践中学真知,这样的读书才会读出成就,读出思想,读出创造。跳出小书斋,走向人生社会的广阔天地,这才是真正的课堂。但是许多读书人并没有真正明白这个道理,往往满足于对现成书本的注释,满足于小小书斋中的安逸和宁静。我们这样讲并不是说不该去读书本的知识,并不是看不到书本知识的重要性,恰恰是看到了书本知识的重要性,充分看到了它的作用和局限性,才喊出了这样的口号:走出书斋,走向生活。

磨炼福久,疑参知真

【菜根原味】

一苦一乐相磨练,练极而成福者,其福始久;一疑一信相参勘,勘极而成知者,其知始真。

【古典今译】

在人生路上经过艰难困苦的磨炼,磨炼到极致就会获得幸福,这样的幸福才会长久;对知识的学习和怀疑,交替验证探索研究,探索到最后而获得的知识,才是千真万确的真理。

【智慧解析】

学习从来无捷径。在学习上只有做到眼勤、手勤、脑勤,才可以成为有学问的人。求学的三个条件是:多观察、多吃苦、多研究。

陆九渊,字子静,又称象山先生,南宋江西抚州金溪县青田人。其八世祖曾任唐昭宗之宰相,其六世祖于五代末避乱徙居,遂成金溪陆氏。

陆九渊自幼颖悟,性若天成。三四岁时,经常服侍父亲,极善发问。一日,忽然问道:"天地何所穷际?"其父笑而不答,他则"深思至忘寝食"；其父呵之，便姑置不想，而胸中疑团不散。5岁读书，6岁受《礼经》，8岁读《论语》《孟子》，尤善察辨。闻人诵程颐语录，便说："伊川之言，奚为与孔子孟子之言不类？"从此对程颐的理学发生怀疑。11岁时，常于夜间起来秉烛检书，其读书不苟简，而勤考索。13岁时，与其兄复斋共读《论语》，忽发议论说："夫子之言简易，有子之言支离。"一日，复斋（时年20岁）于窗下读《伊川易传》，读到《艮》卦，对程颐的解释反复诵读，适逢陆九渊经过，便问："汝看程正叔此段如何？"陆九渊答道："终是不直截明白。'艮其背，不获其身'，无我。'行其，不见其人'，无物。"如此透辟的解说，在他却似信口道来。又一日，读书至古人对"宇宙"二字的注解："四方上下曰宇，往古来今曰宙"时，恍然大悟道："原来无穷！人与天地万物，皆在无穷中者也。"终于解开了十年前百思不得其解的困惑。于是，他进一步开阐说："宇宙便是吾心，吾心即是宇宙。东海有圣人出焉，此心同也，此理同也；西海有圣人出焉，此心同也，此理同也；南海北海有圣人出焉，此心此理，亦莫不同也。"陆九渊心学之大端，于此尽显无遗。后来，门人詹阜民问："先生之学亦有所受乎？"陆九渊说："因读《孟子》而自得之。"这正是陆九渊与理学家的不同之处。

53岁时，奉命守荆门军，此处乃古今征战之所，宋金边界重地，素无城壁。早有人意欲修筑，却惮费重不敢轻举。陆九渊仔细研究后，只用三万金即告完成。平日他常常检阅士卒习射，中者受赏，郡民亦可参与。料理一年，兵容大振，周丞相称赞说："荆门之政，可以验躬行之效。"充分肯定了心学的修身应事之功。

陆九渊很早就开始探究"天地何所穷际"这个宇宙的大课题。陆九渊说："人心非血气，非形体，广大无际，变通无方。倏焉而视，倏焉而听，倏焉而言，又倏焉而动，倏焉而至千里之外，又倏焉而究九霄之上。'不疾而速，不行而至'，非神乎！不与天地同乎？"又说："心，只是一个心。

某之，吾友之心，上而千百载圣贤之心，下而千百载复有一圣贤，其心亦如此。心之体甚大，若能尽我之心，便与天同。"所以，当他看到"四方上下曰宇，往古来今曰宙"这句古文时，便不禁要发出感慨：原来无穷！天地无穷，我心亦无穷。"万物森然于方寸之间，满心而发，充塞宇宙，无非此理。"因而，"宇宙便是吾心，吾心即是宇宙"。"宇宙内事，是己分内事；己分内事是宇宙内事"。所以，他要人"收拾精神，自作主宰"，不崇拜古人，不迷信先儒，做顶天立地的超人。

在艰苦中磨炼而得的幸福足以珍惜而长久，在温室中生长的花朵是经不起风吹雨打的。求知也是同样的道理。一个人一生的知识很多是从书本中得来，不过也要听取人们的言论，观察周围事态的变化，因为仅仅靠书本上得来的知识是不够用的，更不要说书中知识还会有偏差和错误，当一个人学识肤浅时疑问也少，学问越是高深疑问也就越多，因此古人才有"学无止境"的说法。不论求幸福，还是求知识，都需要经过个人的努力，经过反复锤炼才会得到，才会牢靠。

勿夸所有，可为学问

【菜根原味】

前人云："抛却自家无尽藏，沿门持钵效贫儿。"又云："暴富贫儿休说梦，谁家灶里火无烟？"一箴自昧所有，一箴自夸所有，可为学问切戒。

【古典今译】

古人说过:"有人把自家无尽的财富放在一边不用,却仿效一无所有的穷人拿着钵子挨门沿户去讨饭。"又说:"突然暴富的穷人不要信口开河,哪家的炉灶烟囱不冒烟呢?"前一句话告诫人们不要妄自菲薄,后一句话是告诫人们不要自我夸耀,这两种情况都应该作为做学问的鉴戒。

【智慧解析】

谦虚的人往往能得到更快的进步。因为谦虚,可以学到很多东西。谦虚谨慎是一种美德,更是每个人走好人生之旅的必备之具。只有谦虚,才会不断要求上进,才会善采人之长而补己之短,才会严格要求自己,才会使自己学有所成。

在中国古代,禅门弟子下山的规矩是:修行的僧人想要下山,就必须得到禅师们的批准。

有一个僧人在乐普山的元安禅师那儿修行多年,自觉火候已到,该下山云游四方了,就到元安禅师那儿辞行。

元安禅师想考考他,就笑着对他说:"山外还有山,四处都是山,你凭什么下山呢?"元安实际上是说你下山会遭遇重重困难,你有克服它们的信心和勇气吗?

可惜僧人不能领悟师父话里的玄机,以为师父拒绝了他的请求,只好转身闷闷不乐地离去了。

他的一个师弟看他一脸苦瓜相,问他怎么回事,他就把师父的话一五一十告诉了他的师弟。

师弟听了呵呵一笑,说:"师兄,师父是在考你呢。你应该这样回答:竹密不妨流水过,山高岂碍白云飞!"意思就是只要有决心毅力,任何高山都无法阻挡我前进。

僧人听了大喜,马上回去对元安禅师说道:"竹密不妨流水过,山高岂碍白云飞。"

禅师听了大吃一惊，仔细追问之下，才得知事情的始末。禅师生气地说："你的师弟修行比你还高，都没提出下山。你还是待在山上多学点吧。"

僧人非常惭愧，从此专心修行再也不敢提下山的事了。

"满招损，谦受益"，为人要对自己有充分和正确的认识。学无止境，厚积薄发，耐住寂寞和浮躁的心态，潜心修行之后，成功便水到渠成了。

生活中有一类人，总觉得自己是世界上最聪明的、头脑最发达的，看不起眼前的任何人，大有一种"一览众山小"的架势，这种人常自以为是，有一点本领就夸口说自己有七十二般武艺，殊不知，这种人是世上最脆弱的人，常在关键时刻不堪一击。

做谦虚之人，可避免盲目自大，让自己始终处于冷静的状态，在"不满足"的心态支配下，兢兢业业，做大人生格局；相反，一个对自己深浅不知的人，过于自满于自己的一点小技巧，必不能与"人外之人"较量高低。

以苦为乐，苦尽甘来

【菜根原味】

世人以心肯处为乐，却被乐心引在苦处；达士以心拂处为乐，终为苦心换得乐来。

【古典今译】

世人都认为能满足心愿就是快乐，可这种愿望常常被快乐引诱到痛苦中；达士平日能忍受各种横逆不如意的折磨，在各种磨炼中享受奋斗抗争之乐，最终换来真快乐。

【智慧解析】

一个人的成功，可以从恶劣环境中奋发而来，所谓"十年寒窗无人问，一举成名天下知"，苦尽而甘来，足以享受成功的喜悦。逆境中条件艰难，需要不气馁；顺境中谨防止步不前，需要不自满。为志向而奋发，才会有抗争之乐。

《中国青年》曾经刊载了徐世鼎读书的感人故事。报道说，13岁的徐世鼎向国家上缴粮食100公斤，税款26元，成为共和国最年轻的纳税人。同年，由于交不起40元学费，几乎被乡中学拒于门外。三年后，他又因拖欠学费，险些被取消中考资格。但是所有的这些，都没能将他的读书梦打断。

徐世鼎是一个普通的山村孩子，父母离异，他跟了父亲。当他考上中学，并向父亲表示想上学时，冷漠的父亲无情地拒绝了他。为了上学，他向父亲下跪，但父亲不为所动。无奈，他向自己的大姐借钱，大姐只有10元，而学费需要50元。他又去找哥哥，哥哥没有钱，只能陪他一起到学校苦苦哀求，暂时欠着。学校同意了，但父亲却常常逼他退学。徐世鼎利用自己的空余时间做了家里所有的活，但这并未能使他的父亲感动。半个学期过去了，学校催交学费，可父亲照样分文不给。徐世鼎毅然决定和父亲分家。在生产队主持下，一亩三分田，一间泥巴小屋，100多元的欠款和两袋稻谷就成了他全部的家产。年仅13岁的他心如刀绞般痛。读书！一切只为读书！亲情割断，父子分离，生活自理。

农闲时，他每天5点钟起床，做完家务，6点赶到学校上课。赶着在放学后到田里去做活；农忙季节，他请假在家打谷施肥；假期里，他外出打工，扛木头、拉竹子、运砖。虽然劳累了一天，但到了晚上，他还是会就着一盏油灯翻开课本。靠着自己一双手，他成为乡里一名合格的纳税人，每年依法向国家上缴公粮和农业税。在学校，他是成绩名列前茅的好学生。生活的艰辛，让一个年仅13岁的孩子体会得尤其深刻。三年的中学生活，尽管他节衣缩食，但还是欠下学校近400元学费。初中就要毕业了，学校说不补交齐欠款，不发中考准考证。没有办法，他只有四处借债。一个月后，他接到了市重点高中的录取通知书。

可是，学校报名通知书上写着的150元学费让他望而却步。他只有扛起行李来到离家50里的一个山区水电站工地，去做最廉价的小工。干活最卖力的他只要有一点空闲，就抓紧自学高一课程。同学和老师从工地上找到他，学校免了他的学费，同学也向他伸出友谊之手。第一学期，他的学习成绩排全班第三，当年底，他被市里命名为"克服艰难困苦，勤奋学习的优秀共青团员"。正是凭着刻苦学习的精神，他获得了新的生活方式，也逐步走向了不凡的阶梯。

对于我们来说，无论是学习，还是做人、做事业，目标既定，在实践过程中无论遇到什么困难、曲折，都不应该灰心丧气，不能轻易改变自己确立的目标，而要努力不懈地去学习和奋斗，如此才会有所成就，达成自己的目标。

闲中学习，忙时受用

【菜根原味】

闲中不放过，忙处有受用；静中不落空，动处有受用；暗中不欺隐，明处有受用。

【古典今译】

在闲暇的时候不要轻易放过宝贵的时光，要利用空闲做些事情，等到忙碌紧张时就会有受益不尽之感；当安闲的时候也不要忘记充实自己的精神生活，等到大批量的工作一旦到来才会有从中得力之感；当你一个人静静地在无人处，却能保持你光明磊落的胸怀，既不生邪念也不做坏事，那你在众人面前、在社会、在工作中就会受到人们的尊重。

【智慧解析】

知识的获得，在于点滴的积累。这就好比，一个人在年轻时积累了许多银币和铜币，年岁愈大，这些钱币的价值也愈高。到了最后，他年轻时的财产块块都变成了纯金。

刘可，瘦小的身材，身着一套极普通的便装，脚上踏的是一双已难分辨出是什么牌子的旅游鞋，肩上背着一个大行囊，手里还提着一个印着某公司名称的重重的大纸袋。如果不理会她总是肩背手提的负重样子，单从她梳着的一条随意的马尾辫和那张总是带着两个笑窝的稚气的脸上，你可能会认为这是一个最多上高中的女孩子。

但是，你也许不相信，这个貌不惊人、谦和的女孩子竟然是一家较有名气的外资企业的总经理秘书。更让人不能相信的是，这个只有高中文化水平的女孩子，竟敢于面对两位不同国籍的老板——一位英国籍老板，一位法国籍老板。她不仅让他们承认了她，而且有时还能听取她的意见。

一年多前，她踏进了目前就职的这家公司。尽管好朋友曾劝告她，在外企就职，对于她这样一个只有高中文化水平的女孩子，本来就很艰难了，又要面对两个不同国籍、有着不同文化背景的外国老板，工作难度简直不敢想象。

刚进公司那段日子是最难熬的。总经理们只把她当成个干杂事的小职员，不停地派些零七八碎的事情让她做，同事们也当她是个毛孩子，刘可委屈得不知流了多少泪水。但她忍耐着，她不断地学习，以此寻找着让别人认可自己的机会。

除了把工作做得周到细致外，她还把自己所能见到的各种文件，全部都抢到自己的工作台上，只要有空就去认真翻阅琢磨，学习公司的业务。对于外文文件的文字障碍，就不厌其烦地去翻看她那两本无声老师——英文字典、法文字典。时间久了，她对公司的业务可以说了如指掌，为自己进入通畅的良性工作循环状况做了充实的准备。

外文水平在与日俱进，这种速度令她自己都吃惊不小——业务方面的外文文件看起来盲区少多了。两位老板对她刮目相看，不久就让她做了秘书。实际上，在这个公司，她相当于副总，公司的日常事务都由她来管。

作为一个大公司的职员，没有足够的现代知识武装头脑，失去生存机遇的可能性就是百分之百。所以，她给自己制订了严格的学习计划——学习外语，学习计算机。在她的时间表里，休息日的概念早已模糊。在正常的五天工作日，坚守工作岗位，而身为老板身边的工作人员，又需要她为老板的活动做好一切安排。她要把老总们所要做的一切安排得井井有条，以便老总们眼到明白，手到事情就能处理。为此，她常常都要加班，时间在她那儿已被挤压得没有什么空隙，经常是别人都快下课了，她才急匆匆地赶到，抱歉地向老师打个招呼，就全神贯注地进入了学习状况，有时又是留恋地不得已提前退出了课堂。就是这样，她还是风雨无阻地坚持着。她常说，等我有了钱，我会给自己营造一个安稳的、理想的学习环境。

用知识来充实自己不是一朝一夕就能功德圆满、学有所成的。平时不抓紧时间积累知识，平时不注意时刻为自己充电，指望临时受用不可能有长久的效果。这就说明"闲中不放过，静中不落空"的功用，"临阵磨枪""临渴掘井"是不能从容应付的。所以，一个想要有作为的人必须注意平时的磨炼、积累，才会工作有一定之规，做事有一定见识。

道要常悟，学贵有恒

【菜根原味】

凭意兴作为者，随作则随止，岂是不退之轮？从情识解悟者，有悟则有迷，终非常明之灯。

【古典今译】

凭一时感情冲动和兴致去做事的人，等到热度和兴致一过事情也就跟着停顿下来，这哪里是能坚持长久、奋发上进的做法呢？从情感出发去领悟真理的人，有能领悟的地方也会有被感情所迷惑的地方，这样始终无法成为一盏永久光亮的灵智明灯。

【智慧解析】

学习这件事不在于有没有人教你，最重要的是在于你自己有没有悟性和恒心。古往今来一切有成就的人，都很严肃地对待自己的生命，当他活着一天，总要尽量多劳动、多工作、多学习，不肯虚度年华，不让时间白白地浪费掉。

康熙是一个十分好学的皇帝，他的御书房里，摆满了各种古今书籍，其中有不少还是他亲自主持编纂的，如《数理精蕴》《康熙字典》《律旨正义》等。正如他在《庭训格言》所言："朕自幼好看书，今虽年高，犹手不释卷。诚天下事繁，日有万机，为君一身处九重之内，所知岂能尽乎！时常看书，知古人事，庶可以寡过。"他读书的目的不是为了附庸风雅、炫耀知识，而是"……于典谟训诰之中，体会古帝王孜孜求治之意，即欲使古昔治化，实现于今。"身为一国之君，为求治国之道，使自己少犯过错，常以古今义理自悦，数十年如一日，不知疲倦。

三藩叛乱期间，康熙军政事务十分繁忙，累得生病吐血。养病期间，他仍是手不释卷。辅导他学习的大臣们都劝他休息几天，康熙坚决不同意。他说："读书就得吃苦。这是一种花苦功的事。只有功夫不断，学习方能长进。如果停学多日，必将荒废学业，前功尽弃。军务虽忙，总有空闲，可以挤时间进讲。"

在战争年代如此，在和平时期更是孜孜不倦，惜时如金。公元1684年（康熙二十三年），他到南方巡视，船泊南京燕子矶，已是夜深人静，万籁俱寂。三更过后，康熙座船上依然灯火通明，他此时还在与高士奇兴致勃勃地谈经论文呢！高士奇怕皇上劳累过度，要起身告辞，康熙却笑了笑说："这个问题今天不弄明白，我也睡不着呀。我从五岁读书，每天睡晚一点已养成习惯。读书可以陶冶人的性情，增长知识，其乐无穷，就是稍有倦意，也被赶跑了。"巡视期间，不论是官员还是老百姓，只要有学问，他都愿意与他们一起研讨，并因此而发现了不少人才。

康熙的读书兴趣非常广泛，除经、史、子、集外，天文、地理、历法、数学、军事、美术无不涉及。如他主持编纂的《数理精蕴》就是在天文和数学方面，保持我国传统成果、吸收西洋精华的一本高水平学术著作。

康熙是我国历史上一位功业卓著的政治家，文韬武略，运筹帷幄。在统一祖国，发展生产，加强民族团结和抗击沙俄侵略中作出过重大贡献。他开创了中国历史上又一个昌盛的时代——"康乾之治"。他的勤奋好学，持之以恒，不仅给了他文治武功的能力，而且陶冶了他的情操。

从求学问道的角度来看，做学问的方法是多种多样的，也是无穷无尽的，但集中起来说却又离不开"有恒"二字，若要持恒，就必然使学习时间长，就要处理好读书和做事的关系。能否完成并做到持恒的关键在于你是否善于挤时间学习。

金须百炼，轻发无功

【菜根原味】

磨砺当如百炼之金，急就者，非邃养；施为宜似千钧之弩，轻发者，无宏功。

【古典今译】

磨砺自己的意志应当像炼金一样，反复锻炼才能成功，急于成功的人，没有高深的修养；做事就像使用千钧之力的弓弩一样，要有的放矢，如果轻易施为，不会建立宏大的功业。

【智慧解析】

人生经历，求知问道，修养身心等，须经百炼才能成钢，勤苦方能见效。害怕艰苦、浅尝辄止的人，终不能为以后的人生之路打下厚实的基础。不论做人还是做事，都应有这种厚实的历练做基础，这样，遇事待人，言语行动才不会轻浮。

三国时，东吴有位名将叫吕蒙。吕蒙打起仗来非常勇敢，但是他不喜欢读书，文化水平低，影响了才干的增长。

有一次，孙权和吕蒙一同讨论打仗的方案。吕蒙说不出多少自己的见解。孙权因此而受到启发，他认为：这些打仗勇敢的将领应该提高文化，增长才能才是。

于是，孙权对吕蒙说："你现在掌握了军权，身上的担子很重，应该多读点书，努力提高自己的水平。"

吕蒙不以为然地回答道："军队里的事务工作已经够忙的了，哪里还有时间读书啊！"

孙权说："如果说忙，难道你们比我还忙吗？我小时候读过《诗经》《礼记》《左传》《国语》，管理国家大事以后，又读了许多历史书和兵法之类的书籍，都觉得受益匪浅。我希望你多学点历史知识，可以读读《孙子》《六韬》《左传》《国语》等书。像你们这样天资聪颖的人，再加上有多年的战争经验，只要抓紧时间学，就会有收获的。"

吕蒙说："我怕自己年龄大了，学习起来会有困难。"

孙权说："学习不只是年轻人的事，从前光武帝在打仗的时候都手不释卷。还有曹操，年纪愈大愈好学。你又有什么顾虑呢？"吕蒙听了孙权的教导，就开始读书学习。开始读书时常打瞌睡，提不起兴致。但他仍坚持不懈怠。学了一段时间觉得有些收获，决心就更大了。就这样，天长日久学习了各种书籍，使吕蒙成为了一个知识渊博、有智有谋的人。

有一次，鲁肃执行任务，经过吕蒙的驻地，就顺便去看望吕蒙。俩人谈起关羽，说这个人很厉害，不可轻视。当时鲁肃把守的战区正好与关羽是互相邻接的。

吕蒙问鲁肃："你现在离关羽的驻地这么近，责任重大啊！不知有什么防止事变的策略？"鲁肃原本认为吕蒙是个武将，心里并不怎么看得起他，因此，就随口回答："到时候再说吧！"

吕蒙听了鲁肃这样漫不经心的回答，就批评他说："你可不能如此大意啊！关羽是个智勇双全的大将。我还听别人说，他特别好学，尤其对《左传》研究得更为深透。现在东吴和西蜀表面上好像很友好，但我们还是要提高警惕，防备不测。跟关羽这种人打交道，没有准备是要吃亏的啊！"

鲁肃问道："那你有什么好办法吗？"

吕蒙见鲁肃征求自己的意见，就献上了三条计策，讲得有理有据。

鲁肃一听大为惊讶，没有想到吕蒙会有这样高的水平。他连连点头，极为赞赏地拍着吕蒙的肩膀说："老弟啊！我原来只知道你是个武将。谁知道如今你的学识已有这样高的水平，再也不是从前的吕蒙了！"

吕蒙也高兴地说："士别三日，就当刮目相看嘛！"

后来鲁肃把这件事告诉了孙权，孙权很高兴，感叹地说："像吕蒙这样的武将，读书学习之后，有这样大的进步，实在是没有想到的啊！"

鲁肃说："吕蒙能听从您的教导，刻苦学习，虚心求教，确实是一件令人高兴的事情！"

后来，孙权以吕蒙为榜样，鼓励其他将士也要多读点书，抽时间坚持学习，以提高自身的水平。

吕蒙受了孙权的教导，读书学习，持之以恒，最终取得显著的进步。

自古以来学有建树的人，都离不开一个"苦"字。吃得苦中苦，方为人上人。宝剑锋从磨砺出，梅花香自苦寒来。人生的大道上荆棘丛生，生活之路上烽烟滚滚，只有意志坚强而勤奋刻苦的人，才可以在笑中到达目的地。

一个人不必天生能干，重要的是勤能补拙，不断地积累经验，提升能力。古往今来，凡有大作为、大建树的人，都有一些共同的特质：做事勤奋、行动力强。在生命中的每一个阶段，努力学习、不断坚持。那些伟大的成功者，在成就一番事业之前，都曾付出过艰辛的努力。那些大家们的才华也绝不是一出生便带来的，他们不畏艰难、不惧寂寞，他们的付出永远都会比别人多。辛苦是什么？勤奋。勤奋磨利了你才华的刀刃，让你在知识的海洋中劈波斩浪，并且让你面对困难迎刃而解。

心领神会，融于事物

【菜根原味】

善读书者，要读到手舞足蹈处，方不落筌蹄；善观物者，要观到心融神洽时，方不泥迹象。

【古典今译】

善于读书的人，要读到心领神会而忘形地手舞足蹈时，才不会掉入文字的陷阱；善于观察事物的人，要观察到全神贯注与事物融为一体时，才能不拘泥于表面现象而了解到事物的本质。

【智慧解析】

学和行本来是有机相联的，学了必须要想，想通了就要行，要在行的当中才能看出自己是否真正学到了手。否则读书虽多，只能成为一座死书库。

北魏孝文帝，以从汉俗进行民族融合而著名，是一位了不起的少数民族政治家。这位皇帝有一个突出的爱好，喜欢咏诗作赋。史家对他这一爱好不知所由，认为他生在北疆、5岁登基，不可能受过老师的严格训练，却能有较深的文学造诣，是一般理论解释不了的。

对于北魏孝文帝这样的有名君王，史书自然不乏溢美之词，但很多史实并非虚构。比如说："手不释卷，在舆据鞍，不忘讲道。""帝善属文，多马上口占，既成，不更一字。""不更一字"恐怕有些夸张，但口授成文恐怕不会假。史书上还具体描写了孝文帝咏诗作赋的场面。

孝文帝率兵攻打悬瓠，在和众大臣饮酒时互相以诗助兴，应酬答对。孝文帝率先作诗说："白日光天兮无不曜，江左一隅独未照。"彭城王元勰紧接着说："愿以圣明兮登衡会，万国驰诚混内外。"郑懿说："去雷大振兮天门辟，率士来宾一正历。"在众臣应和后，孝文帝又咏诗道："遵彼汝坟兮昔化贞，未若今日道风明。"

北魏孝文帝把对文学的爱好化作辛勤的创作活动，他把自己的文集赠给大臣刘昶作纪念，并且说："虽然这里面的文章有很多是不符合文理要求的，但浓厚的兴趣又不能使我因无知而停止写作，所以这本书赠给你，姑且作为你茶余饭后的笑料吧。"大臣崔挺从外地来到孝文帝居住的地方，孝文帝对他说："从和你分别到现在，眨眼之间两年已经过去了。我所写的文章已经汇成了一个小集子，现在把副本送给你。"

北魏孝文帝又把卓越的文学才能施展于政治斗争之中，从太和十年后的14年间他亲自起草了全部诏册，为统一北方增强民族团结作出了贡献。

读书做学问，其心智需要既独立于身边的万物，又要使自己全身心地投入其中，并与自然万物及社会万事融为一体。做到心神融洽不泥迹象，你会很快进入一个新境界，不仅会得到妙悟，你的事业也会豁然开朗。

第四卷 内与外

——磨炼稳健的德行,秉持自我的节守

欲路理路，全凭一念

【菜根原味】

念头起处，才觉向欲路上去，便挽从理路上来。一起便觉，一觉便转，此是转祸为福，起死回生的关头，切勿轻易放过。

【古典今译】

在念头刚刚产生时，一发觉此念头是个人邪恶的欲望膨胀，便马上用理智将这种欲念拉回到正路上来。邪念一产生就发觉它，一发觉就转变方向，这个时候就是将祸害转变为福祉，将死亡转变为生机的重要关头，千万不能轻易放过。

【智慧解析】

有些时候，打败人的与其说是刀戎相见，不如说是物欲圈套；耗尽我们生命的与其说是穷困的折磨，不如说是琐碎的诱惑。要想人生堂堂正正不入歧途，就应该抑制自己的过多欲求，抵挡住诱惑。

某公司总裁聘请司机，有三人前来应聘。面试时，主考官问道："假若悬崖边放有一块金子，要求你们开车去拿，你们觉得最近能开到距悬崖多远，而不会掉落下去呢？"

第一位答道："两米。"

"一米。"第二位似乎车技更好一些。

"我会尽量让自己远离悬崖，越远越好。"第三位说道。

结果，第三位应聘者被该公司录取了。

诱惑往往是与危险共存的，当诱惑出现时，你是一步步地走进诱惑，将自己置于危险之中？还是以一颗平常心去对待，尽量让自己远离危险？你要知道，一次错误的选择，很有可能就会葬送你一生的幸福，到那时再去懊悔，是不是有些"亡羊补牢"的意味？

其实，在我们的生活之中，诱惑可谓无处不在，我们的人生，每时每刻都面临着诸多诱惑：权利、地位是一种诱惑，一份轻松、利多的职业亦是诱惑，光环般令人艳羡的荣誉是一种诱惑，金钱是一种诱惑，欢畅、尽兴的娱乐也是一种诱惑，甚至漂亮的衣装、美味、可口的食品都是诱惑……面对这林林总总的诱惑，我们究竟该何去何从呢？

毫不夸张地说，当今社会，简直就是一个充满诱惑的欲望世界，倘若你抵挡不住诱惑的侵袭，你就会为诱惑所俘虏，成为它的奴隶，在欲望的洪流中逐渐被淹没；倘若你能够抵抗住诱惑，时时刻刻保持着真我本色，你就会得到一份超脱，你就可以心无杂念地做好自己的事，成就自己的辉煌事业。

茹纳容人，气量宽厚

【菜根原味】

持身不可太皎洁，一切污辱垢秽，要茹纳得；与人不可太分明，一切善恶贤愚，要包容得。

【古典今译】

立身处世不能太过清高,对于污浊、屈辱、丑恶的东西要能够承受,与人相处不能太过计较,对于善良的、邪恶的、智慧的、愚蠢的人都要能够理解包容。

【智慧解析】

心胸狭窄之人,无论在安邦治国,还是在图谋个人的发展上,都不可能成大器。俗话说,宰相肚里能撑船,其主旨就是要有广阔的胸襟、宽容的雅量,能容纳一切荣辱冷暖,方能治国经世。用人之道如此,为人之道亦如此。

南宋时,金兀术采用火攻,烧毁了韩世忠的海舰,韩世忠退至镇江,收集残兵,只剩三千多名,还丧失了两员副将,一是孙世询,二是严允。韩世忠懊丧万分。

梁夫人劝道:"胜败乃是兵家之常事,事已如此,追悔也莫及了!"

韩世忠答道:"昨日还接奉上谕褒奖,现在竟弄得丧兵折将,我将如何向皇上交代呢?"

于是,韩世忠上章自劾。

高宗接到了韩世忠自劾的奏章,正想下诏处分时,忽然接到太后手谕。

太后在手谕中告诉高宗,三军易得,一将难求。像韩世忠这样的人,忠勇无比,世上无人可与他匹敌,现在因寡不敌众,以致先胜后败,应当宽其既往,以鞭策将来,不必加罪责备,让勇士寒心。

高宗阅后恍然大悟,便照太后所说的办。

韩世忠原来以为打了败仗,皇上定要加以处分。忽然有一日,卫兵进来报告说:"钦差到了,请将军接旨。"

韩世忠连忙更换朝服出迎,跪听宣读诏书,不禁喜出望外。原来诏书

第四卷　内与外——磨炼稳健的德行，秉持自我的节守

中一味褒奖，并无半句责备语，诏书中说："世忠部下仅有八千人，能摧金兵十万之众，相持至四十八日，屡次获得胜利，擒斩贼虏无数，今日虽然失败，功多过少，不足为罪，特拜检校少保兼武成感德节度使，以示劝勉。"

韩世忠心中非常感动，拜受诏命，送钦差回朝后，就捧着诏书，回到内衙，给梁夫人看，梁夫人说："皇上这样待咱们，咱们更应多杀敌，报效朝廷。"

在以后的抗金战斗中，韩世忠的军队更加英勇杀敌，多次取得胜利。

胜败乃兵家常事，高宗听从太后之言，没有处分韩世忠，反而加官晋爵，使韩世忠感恩戴德，更加为朝廷效力。

用人之时，使功不如使过。

人非圣贤，犯错在所难免。然而有些人待人苛刻，对待犯了错误的下属，不是将其调走，就是降职使用，或是不再给予重要性的任务。其实，下属犯了错误，最痛苦的是其自身，应该给其改正错误的机会。

实践表明，有过错的人往往比有功劳的人更容易接受困难的工作。使用有过错的人实际上就是对他的一种强大的激励，可以使其一跃而起，创造出令人"刮目"的成绩。

同时，对于有过错的人才而言，他们最需要的就是获得重新证明其价值和展示其才华的机会，尤其是当他们因犯有过错而受到同事的歧视冷落时，这种愿望就更为迫切。因此，领导者一旦提供这样的机会，他们就会迸发出超乎平常的热情和干劲，付出几倍、甚至几十倍的努力去完成常人难以完成的任务。

怒火沸处，转念则息

【菜根原味】

当怒火欲水正腾沸时，明明知得，又明明犯着。知得是谁，犯着又是谁。此处能猛然转念，邪魔便为真君子矣。

【古典今译】

当一个人的愤怒或欲念仿佛沸水翻腾时，人往往不能克制自己，虽然他自己知道这样做是不妥当的，但又偏偏去触犯。知道这个道理的是谁，明知故犯的又是谁？如果这时能够冷静下来，弄清问题的症结所在，犯的是什么错，在这时突然觉悟转变念头，那么邪恶的魔鬼也就变成慈祥的圣人了。

【智慧解析】

要把人"怒"的本能情感逐步理智化，是需要一个修省过程的。要逐步以自己的毅力把这种怒气和欲望控制住，才可能使一切杂念都成为你的精神俘虏，使自己转而变得轻松愉快。怒火欲水本是一念之间的事，修养好了，一念之间可以使自己变得高雅；杂念多了，便逐渐庸俗，以致养成许多恶习，烦恼就越发多了。

唐代名将郭子仪，因屡立战功，唐代宗李豫很器重他，并把女儿升平公主嫁给了他的儿子郭暧。

第四卷 内与外——磨炼稳健的德行,秉持自我的节守

一天,郭暧不知为什么事同公主吵起嘴来。郭暧这个人性子很直,火气也大,便没好气地数落了公主几句:"你以为你爹是皇帝就了不起吗?我爹是因为瞧不起皇帝这个位置才不做的呢!"公主从小就娇惯,父母什么事情都依着她,从没尝过委屈是啥滋味。她听了丈夫的话后,很伤心,一气之下坐着车子跑回娘家"告状"去了。皇上看到女儿回来了,很高兴,老远就起身迎接。这回可不同以前,公主见到父亲,脸上并没有笑容。皇上问她为何不高兴,公主一把眼泪一把鼻涕地把丈夫说的话数了出来。皇上听完后,哈哈大笑道:"你丈夫讲的话意思你不明白,如果他父亲真的做了皇帝,天下岂不就是你家所有了吗?"安慰一番后,皇上劝女儿回家。

郭子仪得知儿子与公主吵架并说了些有辱皇上的话后,很恼火,立即派人把郭暧捆起来,带到宫中等候判罪。代宗听说女婿被他父亲捆了起来,连忙前去圆场。代宗说:"儿女们的事,父母何必那么认真?民间有句俗话:'不装聋卖傻,假装糊涂,是不能当好家长的'。儿女们闺房中的话,怎么能相信呢?"

如果代宗火上加油,不仅郭暧夫妻关系会恶化,而且郭子仪一家性命难保。然而,聪明的代宗却不动肝火,简单几句话便巧妙地化解了一场家庭纠纷。

宽容不仅需要"海量",更是一种修养促成的智慧,事实上只有那些胸襟开阔的人才会自然而然地运用宽容;反之,代宗若惩罚郭暧"杀一儆百"也没什么说不过去的,但一定会令天下臣民噤若寒蝉。同样,老师对学生的恶作剧通常是大发雷霆继而是狠狠批评,但也因为方式太"通常"了,就很难取得"不通常"的效果。

所以,君子应宽以待人,严以律己,我们与人交往时,对于对方的要求不可过分,不强求于人,而应能让人时且让人,能容人处且容人。

量宽福厚，器小禄薄

【菜根原味】

仁人心地宽舒，便福厚而庆长，事事成个宽舒气象；鄙夫念头迫促，便禄薄而泽短，事事成个迫促规模。

【古典今译】

心地仁慈博爱的人，由于胸怀宽广，就能享受厚福而且长久，于是形成事事都有宽宏气度的样子；反之心胸狭窄的人，由于眼光短浅思维狭隘，所得到的利禄都是短暂的，经常面临只顾到眼前而遇事紧迫的局面。

【智慧解析】

念头少，伪装少，争得就少，心情舒畅，平日就少有忧虑烦恼。有些人聪明过了头，用尽心机，烦恼却接踵而至。而那些污秽贪婪的小人，心地狡诈行为奸伪，凡事只讲利害不顾道义，只图成功不思后果，这种人的行为更不足取。仁人待人之所以宽厚，在于诚善，在于忘我，所以私欲少且烦恼少。我们生活中的待人之道确应有些肚量，少为私心杂念打主意，不强求硬取不属于自己的东西，烦恼何来？做人要充分修省自己才是。

庞涓与孙膑同在鬼谷子先生门下学兵法。庞涓自以为学得差不多了，又听到魏国正在重金招贤，访求将相。于是匆匆辞别鬼谷子，投奔魏相国王错，王错将他推荐给魏惠王。魏王见他兵法精熟，便拜他为元帅

第四卷 内与外——磨炼稳健的德行，秉持自我的节守

兼军师。

孙膑为人忠厚，鬼谷子先生便将自己注解的《孙武兵法》传授给了他。孙膑三日内尽行记下，鬼谷子便索还原书。

魏惠王从墨翟口中知道鬼谷子门下还有一孙膑，好生了得，于是便派使臣迎至魏国。魏惠王问庞涓，孙膑才能如何，庞说在己之上，要魏惠王任他为客卿。客卿地位虽高，但不掌握军权。孙膑在惠王面前演习兵阵，庞涓预先请教孙膑，然后在惠王面前一一指出阵名，惠王便以为庞涓胜过孙膑。

庞涓既害怕孙膑分宠，又想得到《孙武兵法》真传。他便设计陷害孙膑。孙膑是齐国人，庞涓叫人假造了一封家信，由手下人扮作齐使者，将信交给孙膑，说是齐国他哥哥来的信，请他回去祭扫祖坟。孙膑回信谢绝，庞涓得信后，派人模仿笔迹加进了孙膑想效忠齐王的内容，连夜送给魏王看。又假装探望孙膑，唆使孙膑第二天上书请假，惠王便真的以为孙膑不忠，想出卖自己，于是把他交给庞涓处理。庞涓当着孙膑的面，说是要去见惠王救孙膑。实则在惠王跟前请求对孙膑用刖刑（即削去膝盖骨）。回来后说自己只救得孙膑不死，假表歉意后，便叫手下人对孙膑施刑。

孙膑从庞涓的下人那里得知庞涓想在兵法到手后便弄死他，情急生计，便佯装癫狂。墨翟得知此事后，便到齐国把详情告知大将田忌，田忌言之于齐威王。于是齐国借口其他事派使臣至魏，趁庞涓不注意，将孙膑偷运至齐国。

孙膑到齐后，只愿做田忌的军师。后庞涓率兵攻打赵国都城邯郸，赵求救于齐。田忌用孙膑"围魏救赵"计，就近进攻魏国的襄陵。庞涓果然回兵，结果在桂陵中了孙膑预设的埋伏，大败。

庞涓知齐威王得孙膑后，一直寝食不安，又行反间计，使田忌、孙膑免官。庞涓得意忘形，以为天下无敌了，便率大兵攻韩。韩国向齐求救。

当时齐威王已死,宣王继位,并重新起用了田忌、孙膑。齐国待魏兵与韩兵交战了很久之后,才出兵。这次又采用"围点打援"计,直逼魏都大梁。庞涓火速回兵,孙膑又用减灶之法迷惑敌人,使庞涓误以为齐兵大多逃亡,不堪一战,于是全力追赶。追至马陵道时,又中了孙膑的埋伏,全军覆灭。不仁不义的庞涓被万箭穿心。

庞涓本和孙膑有同窗之谊,但庞涓命缘福浅,无幸获得鬼谷子先生的《孙武兵法》,这使他迁怒于孙膑,他利用孙膑的善良和正直,设计陷害他,弄残了孙膑的双腿。但孙膑最终还是逃脱了庞涓的魔掌,在战场上惩处了不仁不义的庞涓。庞涓咎由自取,罪有应得。从庞涓的下场,人们理应吸取教训,正如《菜根谭》所云:量宽福厚,器小福薄。这是千古不变的道理啊。

心地放宽,恩泽流长

【菜根原味】

面前的田地要放得宽,使人无不平之叹;身后的惠泽要流得长,使人有不匮之思。

【古典今译】

一个人待人处事的心胸要宽厚,使你身边的人不会有不平的牢骚;死后留给子孙与世人的恩泽要流得长远,才会使子孙有不断的思念。

第四卷　内与外——磨炼稳健的德行，秉持自我的节守

【智慧解析】

人生在世究竟该怎样做人？从古至今是人们争论的一个话题。是"争一世而不争一时"，还是"争一时也要争千秋"，是只顾个人私利不管他人"瓦上霜"，还是为人类做有益的事，作些贡献？这实际上是两种世界观的较量。生活中，一个心胸狭窄的人，凡事都跟人斤斤计较，如此必然招致他人的不满。人在世时宽以待人，善以待人，多做好事，遗爱人间必为后人怀念，所谓"人死留名，虎死留皮"，爱心永在，善举永存。而恩泽要遗惠长远，则应该多做在人心和社会上长久留存的善举。只有为别人着想，心底无私，眼界才会广阔，胸怀才能宽厚。

在安徽省桐城市的西南一隅，有一条全长约100米、宽2米的巷道，当地人称之为"六尺巷"。

据作家姚永朴《旧闻随笔》和《桐城县志略》等史料记载：清朝名臣张英便住在这里，张英历任礼部侍郎、兵部侍郎、工部尚书、翰林院掌院学士、文华殿大学士、礼部尚书等职，名声显赫，桐城人习惯将他称为"老宰相"，称其子张廷玉为"小宰相"，父子二人合称为"父子双宰相"。

当年张英家和一户姓吴的人家比邻而居，房屋之间有块空地被吴家给占用了，张家的人就送信给张英，让他出面干预。张英看罢来信，就写了首诗给家人，诗上说："一纸书来只为墙，让他三尺又何妨。长城万里今犹在，不见当年秦始皇。"家人见书明理，遂撤让三尺，吴家见此情景深感惭愧，亦退让三尺，这样张吴两家之间就形成了六尺宽的巷道，后人称为"六尺巷"。

张英轻启朱毫，四两拨千斤，简简单单的几句诗，就化解了原本剑拔弩张的邻里矛盾，为时人亦为后人做出了谦逊礼让、与人为善的好榜样。

事实上，张英的做法不仅是与人为善，他身居官场，处处都是陷阱，步步都得小心，正如古人所说，如临深渊，如履薄冰。稍不留神，就可能

遭遇灭顶之灾，顷刻之间，身毁人亡。所以张英从大局着想，还是忍让为好，免得事情闹大了，虽然不至于当即影响他的前途，但从长远来看，未尝不是个祸患。让他三尺，不仅化解了无形的隐患，又解决了邻里的纷争，实在是一举两得。我们与人相处，没必要因一点小事而反目相对，有时候让他三尺，反而会让你的道路更加宽广。

逆耳之言，坦然容纳

【菜根原味】

耳中常闻逆耳之言，心中常有拂心之事，才是进德修行的砥石。若言言悦耳，事事快心，便把此生埋在鸩毒中矣。

【古典今译】

耳中能够经常听到一些不顺耳的话，心里常常遇到一些不顺心的事，这才是修身养性、提高道行的磨砺方法；如果听到的句句话都顺耳，遇到的件件事都顺心，那么这一生就如同浸在毒药中一样。

【智慧解析】

常言道："忠言逆耳利于行。"逆耳之言虽不都是"恶语"，但听起来终究让人心情不舒爽。如果你马上表现出不满的态度，或者皱起眉头，剑拔弩张，就只能使事情的严重性越来越扩大。其实，任何人或多或少都有自己的缺点，听到这种话时，只有保持一份谦虚，少一份聒噪，才能让人

第四卷　内与外——磨炼稳健的德行，秉持自我的节守

更加尊敬你。

公元前207年，刘邦率军逼近秦都咸阳。秦王子婴驾素车，乘白马，系颈套，捧着传国玉玺跪在车道旁，俯首请降。秦朝正式灭亡。

刘邦来到秦朝宫殿里，只见雕梁画栋，曲榭回廊，构筑精致，规模宏大。后宫一班美人怯生生地前来迎接，刘邦见到此情此景，禁不住飘飘然起来。

正在他出神的时候，一个声音传入他的耳中："沛公是安天下呢？还是图个富贵就知足了？"刘邦一看，原来是樊哙。屠夫出身的樊哙跟随刘邦征战多年，在这关键时刻，给了刘邦一个提醒。刘邦也知樊哙说得对，不过这送上门来的享受，他还是不甘心放弃。于是，他说了一句："就在这儿住一晚。"

张良不知什么时候也进来了。他对刘邦说："秦政无道，所以您才有可能到达这儿。现在刚入咸阳，就想在此享乐，恐怕今日秦亡，明日就是您的末日了。古人说得好：良药苦口利于病，忠言逆耳利于行。请沛公听樊哙一句话，免得祸从天降。"

刘邦有个突出的优点，就是善于听取各种不同的意见，他连忙离开秦宫，回到驻军的灞上，并召集关中豪杰父老，订立了著名的"约法三章"："杀人者死，伤人及盗抵罪。"既废除了秦朝暴政苛法，又保护了私有财产，对不论有无财产的人来说，都起了稳定人心的作用。关中一带，人民莫不为此而欢欣鼓舞。

项羽在巨鹿击败章邯后，得知刘邦已进入关中，便预感到刘邦要与他争夺天下。于是，马不停蹄地指挥自己的队伍奔关中而来。那时，项羽有40万人，刘邦部下仅有10万人，从实力上说相差一大截，无论如何刘邦也不是项羽的对手。

好在刘邦听了樊哙、张良的话，及时还军灞上，摆出一副不与项羽争

天下的姿态，这才避开了项羽的锋芒，极大地赢得了政治上的主动。

善于听取不同意见，是刘邦夺取天下的重要保证。无论在哪一方面，人实际上都会存在一些问题和缺点的，就看当领导的如何去对待它。遮遮掩掩，有时也能过去；将错就错，有时也不一定会出什么大问题。然而这一习惯养成了，就会给事业带来巨大的损失。如果敢于正视问题，敢于接受不同意见，不仅不会损失什么，相反，一旦形成一种良好的风尚，自己在人们心目中的形象反而会好得多。

栖守道德，不阿权贵

【菜根原味】

栖守道德者，寂寞一时；依阿权势者，凄凉万古。达人观物外之物，思身后之身，宁受一时之寂寞，毋取万古之凄凉。

【古典今译】

一个能够坚守道德准则的人，也许会寂寞一时；一个依附权贵的人，却会永远的孤独。心胸豁达宽广的人，考虑到死后的千古名誉，所以宁可坚守道德准则而忍受一时的寂寞，也绝不会依附权贵而遭受万世的凄凉。

【智慧解析】

滚滚红尘中，谁能耐得住寂寞，淡看风花雪月事？达人当观物外之物，思身后之身。宁受一时之寂寞，毋取万古之凄凉！

第四卷 内与外——磨炼稳健的德行，秉持自我的节守

西汉扬雄世代以农桑为业，家产不过十金，"乏无儋石之储"，却能淡然处之。他口吃不能疾言，却好学深思，"博览无所不见"，尤好圣哲之书。扬雄不汲汲于富贵，不戚戚于贫贱，"不修廉隅以徼名当世"。

四十多岁时，扬雄游学京师。大司马车骑将军王音"奇其文雅"，召为门下史。后来，扬雄被荐为待诏，以奏《羽猎赋》合成帝旨意，除为侍郎，给事黄门，与王莽、刘歆并立。哀帝时，董贤受宠，攀附他的人有的做了二千石的大官。扬雄当时正在草拟《太玄》，澹然自守，不趋炎附势。有人嘲笑他，"得遭明盛之世，处不讳之朝"，竟然不能"画一奇，出一策"，以取悦于人主，反而著《太玄》，使自己位不过侍郎，"擢才给事黄门"，何必这样呢？扬雄闻言，著《解嘲》一文，认为"位极者宗危，自守者身全。"表明自己甘心"知玄知默，守道之极；爱清爱静，游神之廷；惟寂惟寞，守德之宅"，决不追逐势利。

王莽代汉后，刘歆为上公，不少谈说之士用符命来称颂王莽的功德，也因此授官封爵，扬雄不为禄位所动，依旧校书于天禄阁。王莽本以符命自立，即位后，他则要"绝其原以神前事"。可是甄丰的儿子甄寻、刘歆的儿子刘棻却不明就里，继续作符命以献。王莽大怒，诛杀了甄丰父子，将刘棻发配到边远地方，受牵连的人，一律收捕，无须奏请。刘棻曾向扬雄学作奇字，扬雄不知道他献符命之事。案发后，他担心不能幸免，身受凌辱，就从天禄阁上跳下，幸好未摔死。后以不知情，"有诏勿问"。

道德这个词看起来有点高不可攀，但仔细回味，却如吃饭穿衣，真切自然，它是人人所应恪守的行为准则。在中国历史的发展过程中，才人辈出，却大浪淘沙，说到底，归于文格、人格之高低。真正有骨气的人，恪守道德，甘于清贫，尽管贫穷潦倒，寂寞一时，终受人赞颂。

一念贪私，万劫不复

【菜根原味】

人只一念贪私，便销刚为柔，塞智为昏，变恩为惨，染洁为污，坏了一生人品。故古人以不贪为宝，所以度越一世。

【古典今译】

人只要有一丝贪图私利的念头，那么就会由刚直变为柔弱，由聪明变为昏庸，由慈善变为残忍，由高洁变为污浊，这样就损坏了他一生的品格。所以古人将没有贪念作为修身的宝贵品质，就是为了超越这个物欲的时代。

【智慧解析】

品行的修养是一生一世的事，艰苦而又有些残酷，尤其古人对品行有污染者很不愿意原谅。为人绝对不可动贪心，贪心一动良知就自然泯灭，良知泯灭就丧失了正邪观念，正气一失，其他就随意而变了。俗话说，吃人家的嘴软，拿人家的手短。生活中一些人抵不住"贪"字，灵智为之蒙蔽，刚正之气由此消蚀。在商品社会，许多人经不住贪私之诱，以身试法。"不贪"真应如利剑高悬才对，警世而又可以救人。

在电视剧《李卫当官》中就有这样一个情节：

江南几个贪官被杀后，康熙皇帝召见李卫，问他："如果让你做县令治理一个贫困县,你能治理好吗?"

李卫回答:"能。"

康熙又问:"给你五十万两纹银,你能保证把它全部用在百姓身上吗?"

李卫还是回答:"能。"

康熙再问:"你凭什么认为自己能?"

李卫答道:"因为我根本就不想当官。"

李卫一句话道破了真机:无欲则刚。因为清心寡欲,没有私心,所以李卫不会中饱私囊,也不必拿银子为自己的仕途斡旋,所以他能够把银子全部用在百姓身上,所以他有这份自信,认定自己能当个好官。

《倩女幽魂》中也有一个类似的场景:

鬼想附体于宁采臣身上,问他:"你有什么愿望,我可以满足你。"

宁采臣回答:"我什么愿望也没有。"

鬼又问他:"你不想发财吗?"

宁采臣答:"不想。"

鬼再问:"你不想出名吗?"

宁采臣答:"不想。"

鬼仍不甘心:"那你不喜欢美色吗?"

"不喜欢。"

什么欲望都没有,鬼拿他都没办法。

事实上,人与欲望之间,是一场没有硝烟永不会停息的战争,不是人将欲望压制,就是欲望将人奴役,当欲望泛滥之时,即使那念头堂而皇之,也禁不住它将人拉入堕落的深渊。

所以欲望必须有所控制,不能贪得无厌,人过于贪婪,秉性就会变得懦弱,就有可能屈服于欲望,违心去做一些不该做的事情。

贪得不富，知足不贫

【菜根原味】

贪得者分金恨不得玉，封公怨不授侯，权豪自甘乞丐；知足者藜羹旨于膏粱，布袍暖于狐貉，编民不让王公。

【古典今译】

贪得无厌的人分到金银却恼恨得不到美玉，被封为公爵还要怨恨没有封上侯爵，明明是权贵之家却甘心成为精神上的乞丐；知足常乐的人觉得野菜比鱼肉味道还要美，粗布衣袍比狐皮貉裘还要温暖，虽然身为编户平民却比王公过得还要自在满足。

【智慧解析】

在社会中，人们往往很难按捺住这颗躁动的心，于是我们因为"不自知"不断地去争、去取、去夺，然而，成功和满足却依旧离我们那样遥远。即便真的很困、很累、很疲倦，但我们却从不肯让自己歇息片刻，而这一切只是为了"满足"。殊不知，凡事没有最好，只有更好，你若得陇望蜀，那么就永远也无法获得满足。

有一位禁欲苦行的修道者，准备离开他所住的村庄，到无人居住的山中去隐居修行，他只带了一块布当作衣服，就一个人到山中居住了。

后来他想到当他要洗衣服的时候，他需要另外一块布来替换，于是他

第四卷　内与外——磨炼稳健的德行，秉持自我的节守

就下山到村庄中，向村民们乞讨一块布当作衣服，村民们都知道他是虔诚的修道者，于是毫不犹豫地就给了他一块布，当作换洗用的衣服。

当这位修道者回到山中之后，他发觉在他居住的茅屋里面有一只老鼠，常常会在他专心打坐的时候来咬他那件准备换洗的衣服，他早就发誓一生严守不杀生的戒律，因此他不愿意去伤害那只老鼠，但是他又没有办法赶走那只老鼠，所以他回到村庄中，向村民要一只猫来饲养。

得到了一只猫之后，他又想到了——"猫要吃什么呢？我并不想让猫去吃老鼠，但总不能跟我一样只吃一些水果与野菜吧！"于是他又向村民要了一头乳牛，这样子那只猫就可以靠牛奶维生。

但是，在山中居住了一段时间以后，他发觉每天都要花很多的时间来照顾那头乳牛，于是他又回到村庄中，他找到了一个可怜流浪汉，于是就带着这无家可归的流浪汉到山中居住，帮他照顾乳牛。

那个流浪汉在山中居住了一段时间之后，他跟修道者抱怨说："我跟你不一样，我需要一个太太，我要正常的家庭生活。"

修道者想一想也是有道理，他不能强迫别人一定要跟他一样，过着禁欲苦行的生活……

这个故事就这样继续演变下去，你可能也猜到了，到了后来，也许是半年以后，整个村庄都搬到山上去了。

欲望就像是一条锁链，一个牵着一个，永远都不能满足。

在印度的热带丛林里，人们用一种奇特的狩猎方法捕捉猴子：在一个固定的小木盒里面，装上猴子爱吃的坚果，盒子上开一个小口，刚好够猴子的前爪伸进去，猴子一旦抓住坚果，爪子就抽不出来了。人们常常用这种方法捉到猴子，因为猴子有一种习性，不肯放下已经到手的东西，人们总会嘲笑猴子的愚蠢：为什么不松开爪子放下坚果逃命？但审视一下我们自己，也许就会发现，并不是只有猴子才会犯这样的错误。

"得寸进尺，得陇望蜀"，是对贪得无厌之辈的形象比喻。只有少数超凡绝俗的豁达之士，才能领悟知足常乐之理。其实适度的物质财富是必需的，追求功名以求实现抱负也是对的，关键看出发点何在。有一定社会地位是现实生活迫使个人接受的一种要求；追求物质丰富是刺激市场繁荣的动力，对个人而言，决非因为安贫乐道就可以否定对物质欲望的追求。但是一个人为铜臭气包围，把自己变成积累财富的奴隶，或为财富不择手段为权势投机钻营，把权势当成满足私欲的工具，那么，这种人就会永远贪得无厌，为正人君子所不齿。

居官公廉，治家恕俭

【菜根原味】

居官有二语，曰：惟公则生明，惟廉则生威。居家有二语，曰：惟恕则情平，惟俭则用足。

【古典今译】

做官有两句格言，即：只有公正无私才能明断是非，只有廉洁才能树立威信。治家也有两句格言：只有宽容才能心境平和，只有节俭才能家用充足。

【智慧解析】

公正廉明是古代做官的基本要求，对清官来讲，首先是不贪，然后是

第四卷　内与外——磨炼稳健的德行，秉持自我的节守

无私，不贪则廉，无私则公。不论为官或治家，必须以身作则，奉公守法，避免上行下效。持家同样如此。为人应心气平和，保持勤俭节约的传统美德。很多东西从道理上讲人们很清楚，但行动起来确实很难，人们如果能多克服些私欲就可以多存些公德。

北宋著名文人范仲淹，一生为官清正廉洁，勤劳奉公，生活节俭。他受其父范墉的影响很深，"少有大节，于富贵贫贱毁誉欢戚不一动其心，而慨然有志于天下"。从小就立下远大志向，不论贫贱富贵都丝毫动摇不了他的志向。

范仲淹早年在醴泉寺求学时，家境贫寒，只得每天吃粥度日。晚上，他下点米煮成一盆稀粥，到第二天早晨便凝固成块，然后再将粥划成四块，早晚各吃两块，没有钱买菜，他便把少许菜叶菜根用盐水腌渍，切碎了就粥吃。后来，被一位南京留守的儿子看到后，便从做留守的父亲那里拿来一些饭菜，送给范仲淹。过了几天，这位留守的儿子看到送来的饭菜已经变质了，还放在一边一点没动，很不高兴，问他为什么不吃。范仲淹诚恳答谢道："我并非不感激令尊的厚意，只因我平时吃稀饭已成习惯，并不觉得苦。现在如果贪图这些佳肴，将来怎么能再吃苦呢？"

后来，范仲淹显贵了，仍然注重节俭"非宾客不食重肉（两份肉），妻子衣食，仅能自充"。家人在他的教导下，也衣着朴素，他对家人说："吾贫贱时，无以为生，还得供养父母。吾之夫人亲自添薪做饭。当今吾已为官，享受厚禄，但吾常忧恨者，汝辈不知节俭，贪享富贵。"范氏子孙个个认真聆听。

儿子范纯仁娶亲之际，范仲淹主张一切从简。当他听说新媳妇将饰以锦罗帷幔时，心中很不高兴，立即传训纯仁："罗绮非帷幔之物，吾家素清俭，安能以罗绮为幔坏吾家法，若将帷幔带入家门，吾将当众焚之于庭。"最后，范纯仁的媳妇听从了劝告，朴素简洁地成了亲。

有的人遇到有利可图的事，就削尖脑袋往里钻，贪一点便宜；而在有钱有权有势的人周围，天天都有趋炎附势的人聚集一堂，由于都是怀着一个贪字有求而来，所以以利益为驱动的组合不可能有人间真情，出现"贫在闹市无人问，富居深山有远亲"的境况，这种世态炎凉是不足为奇的。为了保持人格的高尚不应为个人利益去争逐。还要看到，智术机巧是从智慧和才干中锻炼而来，假如为了自身利益就去施展权谋术数，反而不如那些不懂得智术机巧憨厚的人显得高尚。尤其是有机会掌握权力，掌握金钱，却依然保持高洁，不因权力而贪污，不因金钱而堕落，是非常可贵的。即所谓"富贵不能淫"。权势名利是现实生活中必然遇到的，有人格、有原则的人才可能出淤泥而不染；也正为了保持自己的人格，才耻于机巧权谋的运用，而视权势如浮云。

舍己毋疑，施人不报

【菜根原味】

舍己毋处其疑，处其疑，即所舍之志多愧矣；施人毋责其报，责其报，并所施之心俱非矣。

【古典今译】

既然要作出牺牲，就不要过多地计较得失而犹豫不决，过多计较得失，那么这种自我牺牲的志节就会蒙上羞愧；既然要施恩于人，就不要

第四卷　内与外——磨炼稳健的德行，秉持自我的节守

希望得到回报，希望得到回报，那么这种乐善好施的善良之心也会失去价值。

【智慧解析】

在这个世界上，我们每个人都扮演着很多不同的角色：父母、爱人、儿女、友人……所有人都应该极尽所能扮演好这些角色，对社会作不求回馈的奉献。或许你的能力有限，但依然可以用物质的、精神的种种能力，去帮助一个人、两个人，当你被越来越多的人所需要时，你会感觉生命非常充实，因为你体现了价值，同时你也会感悟到生命的意义。

看看下面这个故事，你将知道自己应该怎样去经营生命。

在阿迪河畔住着一个磨坊主，他是英格兰最快乐的人。他从早到晚总是忙忙碌碌，生活虽然艰难，但他仍然每天像云雀一样欢快地歌唱。他乐于助人，他的乐观豁达带动了整个农场，以至于人们在很远的地方就能听到从农场里传出的欢声笑语。这一带的人遇到烦恼总喜欢用他的方式来调节自己的生活。

这个消息传到国王耳朵里，国王想，一个贫贱的平民怎么有那么多欢乐？国王决定去拜访这个磨坊主。国王走进磨坊后就听到磨坊主在唱："我不羡慕任何人，只要有一把火我就会给人一点热；我热爱劳动，我有健康的身体和幸福的家庭；我不需要任何人的施舍，我要多快乐就有多快乐。"国王说："我羡慕你，如果我能像你一样无忧无虑，我愿意和你换个位置。"磨坊主说："我肯定不换。你只知道需要别人，而从不考虑别人需要你什么。我自食其力，因为我的妻子需要我照顾，我的孩子需要我关心，我的磨坊需要我经营，我的邻居需要我帮助。我爱他们，他们也很爱我，这使我很快乐。"国王说："你还需要什么？"磨坊主说："我希望别人更多地需要我。"国王说："不要再说了，如果有更多的人像你一样，世界该有多么美好啊！"

生命的意义是什么？这个故事给了我们答案：不是金钱、不是情欲、不是一切身外之物，而是被需要。这是生命的幸福快乐之源。它使我们在实现社会价值和个人价值的同时，超脱了私欲纠缠，进入高贵状态。

同流合污，英名尽毁

【菜根原味】

处世不宜与俗同，亦不宜与俗异；做事不宜令人厌，亦不宜令人喜。

【古典今译】

为人处世既不要同流合污陷于庸俗，也不故作清高、标新立异；做事情不应该使他人产生厌恶，也不应该故意迎合讨他人欢心。

【智慧解析】

我们总是把眼光放在外界，追逐于自己所向往的美好事物，常常忽视了自己的本性，在利欲的诱惑中迷失了自己，给人生添下了败笔。

李斯在历史上似乎一直是正面人物。一是他在辅助秦始皇建立千古第一帝国方面起了巨大作用，对秦王朝和整个历史而言，他是有功的。二是后来他一家人死于赵高之手，人们总是同情弱者的。但在大秦帝国的掘墓人中，赵高固然是始作俑者，李斯却也难逃干系。

李斯是楚国上蔡人，年轻时，托关系在郡里谋到抄抄写写的工作。有一天，李斯发现生活在厕所里的老鼠们只能吃粪便，而一旦有人或狗进

第四卷　内与外——磨炼稳健的德行，秉持自我的节守

来，就吓得惊慌失措四处逃窜。一会儿后他恰好到官仓办事，发现生活在官仓里的老鼠一个个悠然自在地吃着上等的粮食，既没有狗来咬它们，人来了也无动于衷。李斯因而感慨万分：同为老鼠，只是由于所处的环境不一样，命运真是天壤之别呀。一个人成为别人羡慕的成功人士或是被人讥笑的失败者，也和老鼠们原是一个道理。

这位年轻的后生决定要做一只官仓里的成功老鼠。他当即向长官辞职，因为他深知，在这种科员的位置上哪怕干上八辈子也是没有前途的。

李斯弃吏为学，投奔了当时全中国最负名气的大学者荀子门下，学习帝王治国之术。

学成之后，李斯审时度势地看到，楚国虽是自己的父母之邦，却早已江河日下，其他几个国家也不足与之谋，唯有西边的秦国正如日中天，于是就投到了秦相吕不韦门下。

在秦国，李斯果然一步一个脚印，慢慢地从吕不韦门下混碗稀饭的舍人，混到了廷尉。随着东方六国一个个烟消云散，李斯也升到了一人之下万人之上的位置——丞相。

秦始皇在巡行途中突然去世，这是帝国最大的变故和最重要的机密。李斯认为，现在銮驾还在回咸阳的途中，皇上已去世，太子却没有即位，如果一旦这个消息被散发出去，必然会引起别有用心的人的骚动。于是，秦始皇去世的消息只限于包括李斯、赵高和胡亥等五六个人知道的范围内。

秦始皇的尸体被放置在他一直乘坐的温凉车上，为了掩盖尸体可能发出的臭味，秦始皇的座驾后面紧跟了一辆装满咸带鱼和鲍鱼之类水产品的车。秦始皇每天要吃的饭，也照常由侍者送入车内，再由胡亥等人趁人不注意时拿出来倒掉。文武百官要上奏的，照例由李斯在一旁代为处理。

赵高在说动了胡亥动手政变后，下一个必须说服的人就是李斯。没有李斯的援手，一切都只是镜中花水中月。

赵高真不愧是一流的鼓动家，他对李斯说："您知道，皇上去世前，写了一封遗书给长子扶苏，要他回咸阳主持丧事，继位为君。但这封信还没有送走，皇上就去世了，除了我以外，还没有任何人知道这件事情。现在，这封信和皇上的印章都在我手里，让谁当太子继承皇位，也就是你我二人的事了。您觉得我们该怎么办呢？"

李斯当即正色道："你哪里来的这种亡国之言？这种事是我们当臣子的人可以讨论的吗？"

赵高这位演说家和鼓动家，最善于干的事就是捏住别人的软肋做思想工作，他不慌不忙地向李斯说："丞相啊，你还是自我掂量一下吧。论才能，你能与蒙恬相提并论吗？论功劳，你能与蒙恬不分高下吗？论谋略，你能与蒙恬一比高低吗？论得民心，你能与蒙恬并驾齐驱吗？论和即将继位的扶苏的关系，你能赶得上蒙恬吗？"

这五个问题也是李斯经常为之苦恼的，蒙恬作为名将和皇长子扶苏的心腹的存在，必定是他心中难以抹掉的阴影。李斯回答："这五者我都不如蒙恬。"

赵高进一步说："我在内宫之中管事二十多年了，从没见到过有哪位丞相级别的高级官员得到过善终，一朝天子一朝臣，都没有能经历过两代的。皇上有二十多个儿子，长子扶苏为人刚毅正直，深得人心，一旦他真的成为天子，肯定会起用和他私交甚好的蒙恬代替你。你只能告老还乡，郁郁而终罢了。而皇上幼子胡亥是我的学生，此人礼贤下士，轻财重义，完全有人君的风范，要是你肯在关键时刻帮他一把。他难道不知恩图报？"

李斯虽然内心有着太多的阴影，毕竟还是一位恪尽职守的好公仆，可

第四卷 内与外——磨炼稳健的德行，秉持自我的节守

能此前从来就没有想到过要背弃秦始皇遗诏另立新君。他引述历史，想反过来说服赵高："我听说晋国因废立太子之故，造成国家三代不得安宁；齐桓公兄弟争夺继承权，闹得祸起萧墙；商纣王杀兄屠叔，弄得国破家亡。这三者都是前车之鉴，我李某如何敢违背先帝的旨意，参与这种非人臣所为之事呢？"

赵高可不吃这一套以古喻今的说法，他厉声道："当今的大权即将操控在胡亥手里，你如果识时务的话，自然免不了继续荣华富贵，泽被子孙；反之，完全可能落个家破人亡的结局。"

李斯知道赵高的这番话可不是威胁，呆了，"仰天而叹，垂泪太息"，说："天啊，我李斯生逢乱世，既然不能以死来报答先帝，我的命运又将托付到哪里呢？"

其实，在李斯这声愧对先帝的叹息中，他已经与赵高和幕后的胡亥同流合污，结成了秦帝国的掘墓同盟。而大秦帝国的朗朗乾坤，也蒙上了越积越重的阴霾。

把握处世行事的尺度是很难的，因为这既需要良好的道德水准，还要有丰富的人生历练的经验作基础。不同流合污是对的，但还要尽量避免小人的打击排挤和威逼利诱。不与小人同流合污，就像是浪和水的关系，同是一个性质，但表现形态不同，在相容的情况下，保持各自的样子。

色欲名利，修身所忌

【菜根原味】

色欲火炽，而一念及病时，便兴似寒灰；名利饴甘，而一想到死地，便味如嚼蜡。故人常忧死虑病，亦可消幻业而长道心。

【古典今译】

色欲像烈火一样燃烧起来时，只要想一想生病的痛苦，烈火就会变得像一堆冷灰；功名利禄像蜂蜜一般甘美时，只要想一想死地的情景，名位财富就会像嚼蜡一般无味。所以一个人要经常思虑疾病和死亡，这样也可以消除些罪恶念头而增长一些进德修业之心。

【智慧解析】

长久以来，坊间一直流传着"红颜祸水"之说，譬如褒姒、譬如西施、譬如陈圆圆，均被污蔑为覆国之根源。其实，祸之根本不在美色，而在贪恋美色的人。美色本无罪，而纵欲之人才是罪魁祸首。如果为中国历史上祸国乱政的"祸水"们按顺序排名造册的话，这排在第一位的大概便是夏桀之后妺喜。

夏朝是中国奴隶制社会的形成时期，也是帝王从禅让制变为世袭制的第一个朝代。夏朝从公元前21世纪到公元前16世纪，共有17个王。可是，当夏朝五百年的江山传到夏桀手中时，夏桀却荒淫残暴，终于导致国败身亡的下场。

传说中的夏桀是个大力士，能空手拉直铁钩。此外，他还有过人的智慧和胆识，曾经潜入水中征服蛟龙，并且赤手空拳与老虎搏斗。可惜的是，他将聪明才智都用在暴虐和享乐上，因而成为夏朝的亡国之君，臭名远扬。

他为政残暴，对内横征暴敛，对外滥施征伐，勒索小邦。他即位后的第33年，发兵征伐有施氏（今山东滕州）。有施氏是个弱国，根本不是夏桀的对手。有施氏只能努力求和，献上许多金银珠宝，并特地挑选美人送给夏桀，她就是妹喜。夏桀一见到妹喜美貌无双心花怒放，当即撤兵。

夏桀得到妹喜，如获至宝，对她宠爱无比，再也顾不上朝政了。他觉得以前的所有宫室，都不配妹喜居住。于是，他大量招募民夫，修建宫室，名为倾宫。宫里有琼室瑶台，象牙嵌的走廊，白玉雕的床榻，一切奢华无比，只恐不合妹喜的心意。妹喜来自小邦穷国，从未享用过如此奢华的物品，岂有不欢喜之理？她摸准了夏桀的脉门，只要她提出来，夏桀是什么要求都会应允的，于是她时时想出新花样，一味撺掇他浪费财力。

倾宫落成那天，宫里大摆宴席，不少舞女在酒席宴前跳舞助兴。夏桀满以为妹喜会笑逐颜开，十分开心，可是扭头一看，妹喜好像并不畅快，他忙问其中原委。妹喜说："今天本是大喜之日，可是那些舞女容貌平平，服装杂乱，实在叫人扫兴。依我看，倒不如挑些年轻貌美的少女，穿了五彩绣花的衣服，舞起来方才好看，并且要有三千人同时歌舞才能显出太平盛世！"夏桀听了，当即传旨派曹触龙按户去挑年轻貌美的少女来充当舞女，命于辛派百姓刺绣舞衣，预备给舞女穿，限期交纳。选齐三千美女后，派了乐工教练歌舞。

训练完毕后，夏桀和妹喜坐在倾宫楼上，倚着栏杆，往下看去，只见一队队舞女分别穿着五彩绣衣，鱼贯走进宫门。重重叠叠，五彩缤纷，一霎时分花拂柳，挤满了整个花园。个个都是脸似芙蓉，腰如杨柳，按着服色齐齐整整地排列着，就好像织成的五色锦毯一般，纹丝不乱。这场面把夏桀和妹喜乐得真不知如何是好。忽然一声鼓响，随着悦耳的音乐，三千美女个个回转纤腰，舞了起来。一时红飞绿舞，翠动珠摇，各种颜色的舞队错综变化，互相穿插纠缠，犹如千万只彩蝶纷飞竞舞，忽东忽西，真是令人目不暇接，眼花缭乱。

当舞曲终了时，夏桀传令赐美女每人一杯美酒。左右宫奴奉命，连忙执瓶捧杯，赐给各舞女美酒。

因为中断时间较长，妹喜有些不耐烦了，便说："现有舞女三千，要是一个一个赐酒赐食，恐怕太阳偏西也轮不完，弄得歌舞也看不成。我倒有个主意，挖一个酒池，周围用肉堆成假山，并且悬挂肉片为林，让这些舞女们自己享用，不比这般耽搁时间强得多吗？"夏桀一听大喜，说道："你真是聪明盖世，会想出这等高招"，当即命人照办。

曹、于二人不敢怠慢，"酒池肉林"的浩大工程很快就完工了。夏桀和妹喜一见酒池肉林做得如此精致，而且酒香四溢，肉香扑鼻，满心欢喜。从此以后，夏桀每天便拥着妹喜，乘坐龙船在池中泛舟。三千美女围在池的四周，歌舞不休。舞蹈间歇时，击鼓一声，诸美女纷纷走向池边，饮酒摘肉吃，嬉笑喧闹声不绝于耳。

久而久之，美女的舞衣沾上酒痕肉渍，不免污旧，便令再做新的。

有一天，妹喜又突发奇想，她告诉夏桀说："撕绢的声音清脆悦耳，我很想听听。"夏桀一听，立刻命令老百姓每天进贡一百匹帛，叫力气大的宫女一一撕裂，而妹喜则斜卧在榻上，闭着眼睛悠然地欣赏那"撕裂"声的刺激。

夏桀每天挥霍无度，使原来充盈的国库逐渐空虚。他为了弥补这些亏空，便不断地征讨四方，肆意掠夺百姓的财富，弄得怨声载道，民不聊生。后来，商汤在伊尹谋划下，起兵伐夏桀。商汤先攻灭了夏桀的党羽韦国、顾国，击败了昆吾国，然后直逼夏的重镇鸣条（今山西安邑）。夏桀得到消息，带兵赶到鸣条。两军交战，夏桀登上附近的小山顶观战，忽然天降大雨，夏桀急忙从山顶上奔下来避雨。夏军将士本来对夏桀就恨之入骨，趁着大雨，纷纷逃散。夏桀见大势已去，只得仓皇逃入城中。商军在后紧追，夏桀又匆忙携带妹喜和珍宝，登上一艘小船，渡江逃到南巢（今安徽巢县）。后又被商汤追上俘获，放逐在卧牛山。

夏桀和妹喜养尊处优惯了，在这荒僻山乡，无人服侍，自己又不会劳作，终于活活饿死在卧牛山。也有的说死于亭山（今安徽和县西北历阳山）。还有的史书说，他们二人并没有被商兵俘虏，而是逃匿于南巢，最后病死。

人在病中，会感到人生之虚幻与可悲，到了死地大概只剩求生一念了。所以人平时做事应朝事物的对立面想想，而不是随心所欲，任意胡为。人生在世，宜控制自己的欲望而修些德性，做事勿为欲望丧失本性，否则会自取灭亡。历史的教训是深刻的。声色不忍的害处很大，忍声色则要修其身，固其本；对于欲望，要适可而止，不能过于贪求。

热心助人，其福必厚

【菜根原味】

天地之气，暖则生，寒则杀。故性气清冷者，受享亦凉薄。惟和气热心之人，其福亦厚，其泽亦长。

【古典今译】

　　自然界的规律是，气候温暖的时候就会催发万物生长，气候寒冷的时候就会使万物萧条沉寂。所以一个人如果心气孤傲冷漠，只会受到同样冷漠的回报。只有那些充满生命热情而又乐于助人的人，他所得到的回报才会深厚，福祉也才会绵长久远。

【智慧解析】

　　送人玫瑰，手有余香。把他人装在心中，心中的灵光会帮助我们突破一切道德的障碍，迎接爱的光芒；道德的觉醒，可以帮助我们在麻木的社会中逆风而行，打开心灵的爱之门。不需要你有多伟大，哪怕只是赠人一枝玫瑰这样微不足道的小事，但它带来的温馨都会在赠花人和受花人的心底慢慢升腾、弥漫、覆盖；它的香味，都会萦绕在赠予者与受予者之间。

　　在我国曾发生过这样一件事：

　　一座煤矿在凌晨突然停电，9名矿工被迫停止作业，他们只能在漆黑的矿井中等待。然而他们等来的不是光明，而是比停电更可怕的泥石流！

　　泥石流轰隆隆地涌向他们，本能的求生欲望令他们拼命往主巷道跑，慌乱中，一名矿工不小心被矿车夹住，动弹不得，另一名矿工陷入泥坑。其余7名矿工停止了奔跑，不约而同地说："不能再跑了，救人要紧！"他们使劲将两名同伴拽了出来，躲过了死神的第一劫。

　　在主巷道50多米处，他们又开始了与死神的第二次较量。泥石流滚滚向前，随时都有淹没他们的可能。跑了一段时间以后，他们齐心协力用煤块、石块和矿车垒起一道厚厚的墙阻挡泥石流，然后再退到主巷道110米处，找到通风巷。

　　很显然，在这种极度恶劣的处境下，光有氧气是远远不够的，吃喝是他们面临的又一个重大问题，矿井中没有任何食物，他们一起商量生路，同时想到了吃树皮。这样下去不知要等多久，但每个人都很疲劳，一起出动寻找树皮势必会浪费有限的精力。一个年长的矿工决定将大伙分成三组，按时间轮流到不远处扒柳木矿柱的树皮。光吃树皮没有水，一个年轻的矿工冒着危险在通风巷附近找到了一个可以供他们喝很长时间的水坑，这一喜讯极大地刺激了他们求生的信念。喝水时，他们并没有只顾及自己，扒树皮耗费的力气较大，年轻的矿工扒树皮给年长的吃，年长的用矿帽舀来水让年轻的喝。饥饿和黑暗像猛兽一样威胁着他们，他们的身体越来越虚弱。在黑暗中，有人困顿时，年长的就会给他们讲自己一生当中遭受的磨难，一名老矿工说："我一生当中经历过很多次比这更大的危险，现在我不是都挺过来了吗？人生的路还很长，眼前的危险算得了什么？再坚持坚持，肯定会有人来救我们的。只要有一线希望我们决不能放弃！"长者的鼓励使那些虚弱的矿工信心陡增。他们又开始了新一轮的抗争……

就在他们在黑暗中与死神较劲的同时，外边的营救人员也在争分夺秒，想尽一切办法，动用一切力量营救他们。8天8夜之后，他们得救了。他们创造了生命的奇迹。

如果不是互爱互助，这个故事完全有可能是另一种结局：自私自利、只顾自己的矿工们可能会全部遇难，但他们用团队精神赢得了生命的尊严和希望。这里闪现的是一种人性的光芒，没错，那就是爱！爱自己也爱别人。心中有他人，灵魂闪烁的光芒可以穿透尘世中的一切黑暗；心中只有自己，即便你置身于光明之中，灵魂也终将被黑暗所吞噬。

你的精神需求最终会告诉你，当别人因为你而感到幸福时，人生才会更加快乐、更有意义。所以，当你有能力帮助需要帮助的人时，记着"送人玫瑰，手有余香"，请伸出你的手，捧出你的同情心，不要犹豫。

也许你只是送上一个甜甜的微笑，却足以让失败者为之振作；也许你只是一声不经意的问候，却足以吹走人与人之间的寒冷。一念之间，种下一粒善因，很有可能会令你收获意想不到的善果。做人，没有必要太过计较，与人为善，又何尝不是与己为善？当我们为他人点亮一盏灯时，是不是同时也照亮了自己？当我们送人玫瑰之时，手上必然还萦绕着那缕芬芳。

在平常的日子里，为迷路者指点迷津；用心倾听失落者的诉说……这些看似平常的举动，却渗透着朴素的爱，折射着来自灵魂深处的人格光芒。

助人就是助己，这样做了，相信你一定能够体会到它的妙处。

不以恶小，以为无殃

【菜根原味】

小处不渗漏，暗处不欺隐，末路不怠荒，才是个真正英雄。

【古典今译】

在细微末节的小事上也要处理得一丝不苟，不能留下漏洞；在无人所见的暗处也要心地正直，处事公正；在身处窘迫的境地时也不放弃追求，这样才是真正的英雄好汉。

【智慧解析】

如果一座房子破了一扇窗，没有人去修补，时隔不久，其他的窗户也会莫名其妙地被人打破；一面墙，如果出现一些涂鸦没有被清洗掉，很快的，墙上就布满了乱七八糟的胡写乱画；一个很干净的地方，人们不好意

第四卷　内与外——磨炼稳健的德行，秉持自我的节守

思丢垃圾，但是一旦地上有垃圾出现之后，就会陆续有人在那里丢垃圾。事实就是这样，"千里之堤，溃于蚁穴"，第一扇被打破的玻璃窗若不能及时得到修护，就有可能带来一系列的负面影响；同理，一些小的过错如果不能及时被发觉并加以改正，日久天长它就会演变成大错。

大学的校园里，并肩走着两个人：一个中国大学生，一个外国留学生。中国学生已经读大四了，学国际经贸的，他很想走出国门看一看；外国留学生热爱中国悠久的文化，他到中国来是为了学习汉语。两人经常在一起聊天，一个为了练习口语，一个为了多打听国外留学的消息。

一天，两人又在校园的大道上边走边谈，照例中国学生又问了许多关于出国留学的事，外国留学生也仍旧耐心地回答，末了，外国留学生问道："你出国以后还想回来吗？"

"你觉得呢？"中国学生反问道。

"多数留学生出去以后，只要有机会，他们都是不愿意回来的。除非他们实在是混不下去了。"外国留学生笑了笑。

"我是愿意回来的……我觉得祖国还是很需要我们的，特别是需要那种从国外带回来本领和技术的人才。以前这种人才的确回来得很少，难怪有人说中国的留学生是为外国的企业准备的……不过我是爱国的那种。"两人相视一笑。

中国学生伸手从裤兜里掏烟，忽然，"啪"的一声，一个小东西从他裤兜里掉了出来。两人停了下来，几乎同时向地上看去，是一枚一角的硬币。中国学生"嘿"了一声，不屑地对着沾了土的硬币就是一脚，硬币"嗖"地飞出去了三四米。

外国留学生大叫一声："Oh！no！"

中国学生惊讶地呆望着他，不知他为什么说 no，不就是一角钱吗？

"难道你不知道，硬币上有贵国的国徽吗？"外国留学生一字一句地说

道，显然有些愤怒。

中国学生什么也说不出口来，呆呆地站在那儿……

虽说大礼不辞小让，可是许多生活中的细节并不仅仅是自己一个人的事，它关系到其他人的利益和整个社会的秩序和风气，同时也是自身教养的充分展现。一件小小的事情就可以体现出一个人的修养，越是小的地方，越能体现出一个人格的高贵与低劣。

意志、品德、待人，无不从小处做起，而能成大事者关键是志向远大，胸怀宽广。身教胜于言教，小事中见伟大。大人物如此，小人物同样，欲有为者应大处着眼，小处着手，千里之行，始于足下。

第五卷 我与人

——和以处众，宽以接下，恕以待人

对人对事，不要苛责

【菜根原味】

地至秽者多生物，水至清者常无鱼。故君子当存含垢纳污之量，不可持好洁独行之操。

【古典今译】

那些堆满污物的地方，往往滋生许多生物，而极为清澈的水中反而没有鱼儿生长。所以真正有德行的君子应该有容纳他人缺点和宽恕他人过失的气度，绝对不能自命清高，独来独往。

【智慧解析】

古人说："水至清则无鱼，人至察则无徒。"水太清澈了，鱼儿们无法藏身，也无法找到可以维持生存的食物，只好另寻可以生存的水域；人活得太清楚，要求太苛刻，也就没有了朋友。因为所有的人都有这样那样的缺点。你紧抓着这些不放，当然没有人敢接近你。做事也是如此，有时你只需睁一只眼，闭一只眼就可以了。把事做绝了，做得太清楚了只能让人害怕你的苛刻，讨厌你的精细和烦琐。所以，当你再次要求别人去做事时，别人当然是能避则避，能推则推，这时的你也许还会觉得别人不够义气，却不知是因为你活得太过清醒，要求得太过严苛。

所以，我们真的没有必要活得那么清醒，自己太累，别人也不舒服。或许，只有糊涂一点，人才会冷静，才会有大气度，才会有宽容之心，才能平静地看待世间这纷纷乱乱的喧嚣，尔虞我诈的争斗；才能超功利，拔世俗，善待世间的一切，才能居闹市而有一颗宁静之心，待人宽容为上，处世从容自如。

曹操用人的一大特点是大度用人、容人之错。他冲破了固有的迂腐标准的禁锢，具有创新的见地，他认为"人无完人，慎无苛求，才重一技，用其所长"。

东汉建安四年，曹操与实力最为强大的北方军阀袁绍相峙于官渡，袁绍拥兵十万，兵精粮足，而曹操兵力只及袁绍的十分之一，又缺粮，明显处于劣势，当时很多人都认为曹操这一次是必败无疑了。曹操的部将以及留守在后方根据地许都的好多大臣，暗中纷纷给袁绍写信，准备一旦曹操失败以后便归顺袁绍。

官渡之战曹操采用了荀攸的计策，袭击袁绍的粮仓，一举扭转了战局，打败了袁绍。曹军打扫战场时，从袁绍的文书案卷中拣出一束书信，都是曹营里的人暗中写给袁绍的投降书信。当时有人向曹操建议，要严肃追查这件事，对凡是写了投降信的人，统统抓起来治罪。然而曹操的看法与众不同，他说："当时袁绍强盛，我都担心能不能自保，何况别人呢？"于是，他连看也不看，下令把这些密信全都付之一炬，一概不予追查。这么一来，那些曾怀有二心的人便全都放心了，并对曹操心存感激，军心、臣心稳定，处于弱势的曹操集团迅速巩固了胜利的战局。

古今中外，大凡善用人者必有宽容之心，容人之度，容人之错，可以宽其心，去其疑，进而尽心竭力。

现代社会科技飞速发展，社会变化日新月异，人的思维能力、判断能力是有限度的，容人之错对今天的领导者来说是必备的素质。有一个女企业家，专门聘用刑满释放人员，她的40多名员工，无一例外都有过前科。她是怎样对待这些特殊员工的呢？她自有准则："忘其前愆，取其后效。""计其新,不究其旧。"她用信任帮助这些人找回失去的尊严,还这些人以自尊,她甚至将保管仓库的重任交给曾经偷摸盗窃的人。面对如此信任,稍有良心的人都会感动,都会尽心尽力回报,十几年来,这个仓库连一个螺丝钉也没丢过。来到这里的浪子们找到了心灵的回头之岸,开始了新的人生。

在用人的问题上,除了要有气量,还应用人之所长,不求全责备。只要有一方面专长的人才,哪怕有一点特点,都要用其所长。因势而用人,为制势而择人,这是统驭者驭将用人的基本出发点。不从个人印象的好恶出发,能驭用自己不甚满意的人,用其所长,避其所短,不讲资历,不论出身,只要有功绩、有本事就会给予提拔。

天下奇才,偏于一面者,十有八九。金无足赤,人无完人。用人不必求全责备,也不必均是贤才。很多人只看到别人的缺点而无法赏识别人的长处,如果这样的话,就很难成就什么大事业了。

文以拙进,道以拙成

【菜根原味】

文以拙进,道以拙成,一拙字有无限意味。如桃源犬吠,桑间鸡鸣,何等淳庞。至于寒潭之月,枯木之鸦,工巧中便觉有衰飒气象矣。

【古典今译】

文章讲究质朴实在才能有长进,道义讲究真诚自然才能有修成,一个

第五卷 我与人——和以处众，宽以接下，恕以待人

"拙"字蕴含着说不尽的意味。像桃花源中的狗叫，又如桑林间的鸡鸣，是多么淳朴有余味啊！至于清冷潭水中映照的月影，枯老树木上的乌鸦，虽然工巧，却给人一种衰败气象。

【智慧解析】

中国人历来认为"巧者不坚，拙者永固""读书之乐无巧门，不在聪明只在勤"。老子有"巧为拙之奴"，"拙能制巧"的说法，也就是说明了物极必反之理，因为文章做得到了极致，反而变得无话可说，"江郎才尽"，"弄巧成拙"，禅宗有句名言"悟了等于未悟"，都说明巧拙循环相对之理。做什么事都不应耍小聪明，卖弄自己的技能，尤其要拙，即质朴、手勤，才是成就事业的基础。

一个五音不全的先生，竟能以唱歌大受欢迎。每逢大家聚会时，他必然会被众多掌声请上台。他完全无法拒绝大家的热情，只好每次都唱首歌，他就是被同事们昵称为"阿滨"的李强。

每当别人要求他唱歌时，他总会认真而真诚地唱起那首《五月的天空》。不可思议的是，只要阿滨的这首歌一唱出来，其他的美妙旋律都因之失色，完全不能与阿滨的歌声抗衡。

同事们在要求他唱歌时，一定会很整齐地用一首广告歌的旋律唱着：

"五音不全的李强，唱首歌吧！

虽然唱得很烂，让人听了头痛，

还是请你唱首歌吧！"

千呼万唤之后，阿滨终于带着一脸的笑容走出来了。他用右手中指推推那落伍的大黑眼镜后，以立正的姿势，开口唱出：

"五月的天空，太阳又上升……"

他总是那么认真，正正经经地唱着这首一成不变的歌，不管走到哪里都是这首，而且总是固定地慢半拍。当他开始唱"五月的……"时，速度

还算正常，等唱到"天空……"就很奇妙地慢了下来。阿滨既不害羞，也不恐惧，仍然以他那认真的表情，继续唱下去。

听他唱歌的人，几乎都笑弯了腰，有的女同事眼中还流出忍俊不住的眼泪，无法停止。

在大家笑得快喘不过气来的时候，阿滨仍然继续唱着：

"太阳……又上升……"

大家听到这里，更忍不住笑得前仰后合！

不过，大家的笑声中，绝没有一丝轻蔑，因为个性温和真诚质朴的阿滨，缓和了会场中稍嫌僵硬的气氛。

并不是任何时候都巧胜于拙，很多时候，"拙"是一种质朴、一种真诚，而质朴和真诚是最能打动别人的。做文章、唱歌曲是这样，我们为人处世也是如此。我们每个人总会有这样或那样的"不足"，那些似乎是"拙"的东西，很多情况下未必是什么大的缺点，只要我们出于真，出于诚，出于自然和质朴，可能就会营造出更为和谐的人际关系。

侠心交友，素心做人

【菜根原味】

交友须带三分侠气，做人要存一点素心。

【古典今译】

交朋友要有几分侠肝义胆的气概，为人处世要保持一种赤子的情怀。

第五卷　我与人——和以处众，宽以接下，恕以待人

【智慧解析】

"交友须带三分侠气，做人要存一点素心"，其主旨在"侠肝义胆，正义无私"这八个字上。"侠"是中国传统文化的一个方面，实质上可以用"侠肝义胆走江湖"概括之，"侠"是尊崇坦荡无私、患难与共的精神的，就是要勇于奉献自己，为朋友共赴险难，共度艰危。这里所谓的"素心"是朴实无华、纯净无私的境地。

很久很久以前，有一个名叫柱子的年轻人触犯了皇帝。柱子被判绞刑，在某个法定的日子要被处死。

柱子是个孝子，在临死之前，他希望他能与远在百里之外的母亲见最后一面。皇帝感其诚孝，决定让柱子回家与母亲相见，但条件是必须找到一个人来替他坐牢。

这是一个看似简单其实近乎不可能实现的条件。有谁肯冒着被杀头的危险替别人坐牢，这岂不是自寻死路。但，茫茫人海，就有人不怕死，而且真的愿意替别人坐牢，他就是柱子的朋友阿蒙。

阿蒙住进牢房以后，柱子回家与母亲诀别。人们都静静地看着事态的发展。日子如水，柱子一去不回头。眼看刑期在即，柱子也没有回来的迹象。人们一时间议论纷纷，都说阿蒙上了柱子的当。

行刑日是个雨天，当阿蒙被押赴刑场之时，围观的人都在笑他的愚蠢，那真叫愚不可及，幸灾乐祸的大有人在。但，刑车上的阿蒙，不但面无惧色，反而有一种慷慨赴死的豪情。追魂炮被点燃了，鬼头刀也已经按压在阿蒙的脖子上。有些胆小的人吓得紧闭了双眼，他们在内心深处为阿蒙深深地惋惜，并痛恨那个背弃朋友的小人柱子。

但是，就在这千钧一发之际，在淋漓的风雨中，柱子飞奔而来，他高喊着：我回来了！我回来了！

这真正是人世间最感人的一幕，大多数的人都以为自己在梦中，但事

实不容怀疑。这个消息宛如长了翅膀,很快便传到了皇帝的耳中。

皇帝亲自赶到刑场,他要亲眼看一看自己优秀的子民。最终,皇帝万分喜悦地为柱子松了绑,并亲口赦免了他的死刑。

成为朋友的理由很多,但古往今来、国内国外,最为人看重且津津乐道的无非是侠义心肠、肝胆相照的品质。既然是朋友,就应该同甘苦,共患难,携手互助相帮扶。这样,才能上对苍天,下对大地,坦坦荡荡、堂堂正正地屹立于天地宇宙之间。

交友亦做人,做人如交友,做一个光明磊落的君子,也是人生的一件赏心乐事。

和气致祥,喜气多瑞

【菜根原味】

疾风怒雨,禽鸟戚戚;霁日光风,草木欣欣。可见天地不可一日无和气,人心不可一日无喜神。

【古典今译】

在狂风暴雨中,飞禽会感到哀伤忧虑惶惶不安;晴空万里的日子,草木茂盛欣欣向荣。由此可见,天地之间不可以一天没有祥和之气,而人的心中则不可以一天没有喜悦的神思。

第五卷 我与人——和以处众，宽以接下，恕以待人

【智慧解析】

　　天底下有能耐的好人本来就不多，应该想着同心协力为社会多作贡献。不能因为各自的思想方法不同，性格上的差异，甚至微不足道的小过节而互相诋毁，互相仇视，互相看不起。古人说："二虎相争，必有一伤。"这样下去，其实对谁都没好处。抬头不见低头见，得饶人处且饶人吧！

　　宋朝的王安石和司马光十分有缘，年轻时，曾在同一机构担任完全一样的职务。两人互相倾慕，司马光仰慕王安石绝世的文才，王安石尊重司马光谦虚的人品，在同僚们中间，他们俩的友谊简直成了某种典范。

　　做官好像就是与人的本性相违背，王安石和司马光的官愈做愈大，心胸却慢慢地变得狭窄起来。相互唱和、互相赞美的两位老朋友竟反目成仇。倒不是因为解不开的深仇大恨，人们简直不敢相信，他们是因为互不相让而结怨。两位智者名人，成了两只好斗的公鸡。有一回，洛阳的牡丹花开，包拯邀集全体同僚饮酒赏花。席中包拯敬酒，官员们个个善饮，自然毫不推让，只有王安石和司马光酒量极差，待酒杯举到司马光面前时，司马光眉头一皱，仰着脖子把酒喝了，轮到王安石，王安石执意不喝，全场哗然，酒兴顿扫。司马光大有上当受骗，被人小看的感觉，于是喋喋不休地骂起王安石来。王安石以牙还牙，也痛骂司马光。自此两人结怨更深，王安石得了一个"拗相公"的称号，而司马光也没给人留下好印象，他忠厚宽容的形象大打折扣，以至于苏轼都骂他，给他取了个绰号叫"司马牛"。

　　到了晚年，王安石和司马光对他们早年的行为都有所后悔，大概是人到老年，与世无争，心境平和，世事洞明，可以消除一切拗性与牛脾气。王安石曾对侄子说，以前交的许多朋友，都得罪了，其实司马光这个人是个忠厚长者。司马光也称赞王安石，夸他文章好，品德高，功劳大于过错。

朋友之间相处，需要用"和气"来化解彼此之间的矛盾。人和人都是不同的，对于性格、见解、习惯等方面的相异，要以和为重，若"疾风暴雨、迅雷闪电"会影响朋友之间的关系，甚至导致友谊破裂，反目成仇；而若和气面对彼此的不同，进而欣赏对方的优点，则对方也会对你加以赞美。这样一来，你们的"祥"和"瑞"也就更多了。

功过赏罚，不容混淆

【菜根原味】

功过不容少混，混则人怀惰隳之心；恩仇不可太明，明则人起携贰之志。

【古典今译】

功绩和过失一点都不容混淆，混淆了，人们就会变得懒怠而没有上进之心；恩惠和仇恨都不能表观得太明显，太明显了，人们就容易产生怀疑背叛之心。

【智慧解析】

一个人，尤其是领导别人的人，在方法上有一条重要的原则，即对人要功过清楚，赏罚分明。赏罚是使人努力的诱因，一个丧失努力诱因的人，他的工作情绪必然不会高昂。假如是一两个人这样还不要紧，万一一个集体都是如此，这个集体乃至社会必然要陷于不进步的停顿状态，所以

第五卷 我与人——和以处众，宽以接下，恕以待人

赏罚又是促进整个社会进步的一大动力。历朝皇帝打天下，哪一个不是以论功行赏作为调动文臣武将积极性的手段呢？就现实生活中的人来讲，不论是做官还是一般的领导，都需要讲究方式方法，以便使大家能为一种共同的事业团结一致。

皇太极是后金大汗努尔哈赤的第八个儿子。他从小就嗜好读书，尤其是熟读历代典籍，并善于借鉴，运用于领兵治军。他身材高大，体魄健壮，武功很好，尤擅步射、骑射；对勇士也特别欣赏；继承父位之后，也就十分重视擢拔勇士。

公元 1628 年，皇太极率十万大军包围了明朝的遵化城。天刚放亮，皇太极下令攻城。这是一场异常惨烈的攻坚战。明军壁垒森严，箭矢、滚石如雨，八旗兵士冒着炮火，迎着箭矢、滚石，奋勇攻城。很多战士抬着云梯冲到城下，攀梯而上。其中有个士兵，名叫萨木哈图，他不顾乱石飞矢，第一个奋勇登上城头，挥舞着大刀，一连砍倒许多守城的明军，使后继的清军乘机一拥而上，攻破了明军的防御，并迅速地扩大战果，占领了全城。

萨木哈图勇猛奋战、第一个登城而入的事很快就被皇太极知道了，皇太极十分高兴，立即召见了萨木哈图，并与之畅谈了许久。

过了几天，皇太极在遵化城举行庆功大会。会上，凡立功的都被叫到他面前，由他亲自授奖。当萨木哈图走到皇太极跟前时，皇太极端着最名贵的金卮，亲手斟满美酒，赐予萨木哈图，并看着他把酒喝下去，然后当众宣布封他为"备御"，授予"巴图鲁"的荣誉称号。顿时，整个会场欢声雷动，全都沸腾起来了，因为萨木哈图原来只是一个普通士兵、无名小卒。

接着，皇太极又赐给萨木哈图一批贵重物品予以嘉奖：一峰骆驼、一匹蟒缎、二百匹布、十匹马、十头牛，还规定萨木哈图的子孙世代承袭备御爵位，他本人今后如有过失可以一律赦免。

在以后的战斗中，皇太极对萨木哈图一直予以爱护，不再让他冒险冲杀。

自萨木哈图一战获殊荣后，立功受奖，量功拔将就成为一种定制。由此，每逢攻坚，将士们都冲锋陷阵，争当勇士，清军的战斗力也就大大提高了。

功与过是两种性质完全不同的行为要素。功就是功，过就是过，不能混同，也不能互相抵消。因此，在实施激励时，有功则赏，有过必罚，功过要分明。决不能因为某人过去工作有成绩或立过功，而对他所犯的错误姑息迁就，搞所谓以功抵过。这样做对他自己、对集体都没有好处，只有害处。同样，也不能因为一个人有了错误，而一笔抹杀他过去的成绩，或对他犯错误后所做出的成绩不予承认，不予奖励。这样做也是不利于犯错误者进步的。对于一个人犯错误以后做出的成绩，更应注意给予肯定和奖励，这样才能使他们看到自己的进步。

用人不疑，疑人不用

【菜根原味】

信人者，人未必尽诚，己则独诚矣；疑人者，人未必皆诈，己则先诈矣。

【古典今译】

一个信任别人的人，也许别人并不十分诚实，但他自己却是诚实的；一个怀疑别人的人，别人也许并不都狡诈，但他自己却已经是狡诈的了。

第五卷 我与人——和以处众，宽以接下，恕以待人

【智慧解析】

疑神疑鬼，不信任别人的人是成不了气候的。尤其是一个有创建大业雄心的人，在待人接物上必须出自真诚，注意疑人莫用，用人莫疑，使大家精诚合作。诚信是传统的原则之一，真诚待人终究会感动别人。但是真诚待人不是见什么人都把自己和盘托出，不是见了作奸犯科的歹徒也去真诚相待，期望以此感化他。如果人人这样，社会责任法律义务谁来承担？故诚也是相对而不是绝对的。

公元前209年，陈胜揭竿起义，一个群雄争霸的时代来临了。就在这时，阳武县户牖乡一个叫陈平的年轻人，前去投奔魏王咎，被任命为太仆，替魏王执掌乘舆和马政。

陈平非常聪明，很小的时候，就树立了远大的志向，且勤于读书。他来投奔魏王，本来想有一番作为，但他多次献策不仅未被采纳，反而遭人诋毁。陈平认识到魏咎是一个平庸之辈，于是毅然出走，投奔到项羽麾下，参加了著名的巨鹿之战，跟随项羽进入关中，击败秦军。项羽赐给他卿一级的爵位，但这种职位徒具虚名，并没有实权。

公元前206年4月，爆发了著名的楚汉战争。这时，殷王司马卬背楚降汉。项羽大怒，于是封陈平为信武君，率领魏王咎留在楚国的部下进击殷王，收降司马卬。陈平取胜后因功被拜为都尉，赐金20镒。过了不久，汉王刘邦又率部攻占了殷地，司马卬被迫投降。项羽对司马卬的反复无常极为恼怒，因此而迁怒陈平，要尽斩以前参加平定殷地的全体将士。陈平害怕被杀，又看到项羽无道乏能，难成大气候，便封好其所得黄金和官印，派人送还项羽，而自己则单身提剑抄小路逃走。在渡黄河的时候，艄公见陈平仪表非凡，又单身独行，怀疑他是逃亡的将领，身上一定藏有金银财宝，顿起谋财害命之念。陈平察言观色，知道他心怀歹意，略一沉思，便脱掉衣服，袒露全身，帮助艄公去撑船。船夫由此知道他一无所

有,才没有动手。

陈平上岸后,一路直奔修武,因为当时刘邦正率领部队驻扎在那里。他通过汉军将领魏无知见到了刘邦。刘邦问陈平:"你在楚军里担任什么官职?"

陈平回答说:"担任都尉。"当日刘邦就任命陈平担任都尉,让他当自己的参谋,主管监督联络各部将的事。

此事传出,刘邦手下将领不禁哗然,纷纷向刘邦进谏:"大王得到楚军一个逃兵,还不知道他本领有多大,就同他坐一辆车子,反倒来监督我们这些老将。"刘邦听到这些议论后,反而更加亲近陈平,同他一道东伐项王。这样一来,将领们越发不服气。过了一段时间,他们推举周勃、灌婴进见刘邦说:"陈平虽然看起来是一表人才,恐怕是虚有其表,我们听说他在家时就德行不佳,而且为人反复无常,事奉魏王不能容身,逃出来归顺楚王,归顺楚王不行又来投奔汉王,如今大王器重他,给予他高官,他就利用职权收受将领的贿赂。这样的人,汉王怎么能加以重用呢?"

俗话说众口铄金,刘邦也不能不怀疑起陈平来,他把举荐人魏无知叫来训斥了一番。魏无知根据刘邦豁达大度、不拘小节的特点,以及求贤若渴、争夺人才的特殊形势,回答得非常精彩。他说:"我所说的是才能,陛下所问的是品行。这两者在夺天下的过程中,哪一点最重要呢?我推荐奇谋之士,是为了有利于国家,哪里还管他是为人反复还是收受贿赂呢?"

如此一说刘邦也没有什么好说的。

刘邦赐给陈平酒食,并说:"吃完,就休息去吧。"陈平说:"我为要事而来,我要对您说的事不能挨过今天。"刘邦听他这么一说,就跟他谈起来,两人纵论天下大事,谈得非常融洽。到这时,陈平才说出他的计谋来:"项王身边就那么几个刚直之臣,如范增、钟离眜、龙且、周殷之辈。大王只要花几万金,可以行使反间计,离间他们君臣关系,使之上下离

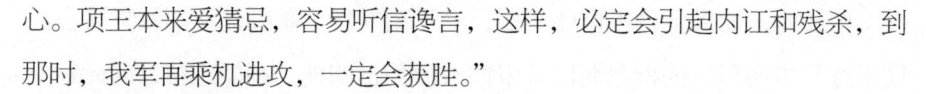

第五卷 我与人——和以处众，宽以接下，恕以待人

心。项王本来爱猜忌，容易听信谗言，这样，必定会引起内讧和残杀，到那时，我军再乘机进攻，一定会获胜。"

刘邦听完陈平的分析点头称是，于是拿出4万斤黄金给陈平，让陈平去安排这件事。

于是，陈平向楚军派遣大量间谍，用很多黄金收买楚军中的将士，让他们散布谣言说："钟离昧等人身为楚军大将，战功卓著然而却不能裂土封王，因此想同汉军结成联盟，消灭项王，瓜分楚国的土地，各自称王。"

项羽本来生性多疑，果然心生不安，就派使者到汉军以探虚实。陈平让侍者准备最高规格的菜肴，叫人端去，但一见楚使，故作吃惊地说："我还以为是亚父的使者呢，原来是项王的使者。"于是就把端上来的菜端走，送上另一份制作粗劣的食物。使者见此情景，极为生气。回去后就把自己看到的和听到的如实告诉了项王。项王于是怀疑起范增来，当时范增建议项羽迅速攻下荥阳城，但项羽就是不采纳，气得范增发怒说："天下大事大体上定局了，大王你自己干吧！请允许我这把老骨头退归乡里。"不料，项王准其所请。范增在回家途中，猝然而死。陈平略施小计，竟使项羽失去第一谋士。以后，大将周殷在英布引诱下叛楚，钟离昧也因遭猜忌而得不到重用。

管理者与下属都生活在尘世中间，世俗之众对人皆免不了说长道短，管理者任用的人自然是被议论的对象。他们出于嫉妒心理或出于自身利害，散布流言蜚语，甚至无中生有，恶意中伤。这时管理者就应头脑清醒，明辨是非，不为俗议和谗言所左右而轻易生疑。

一位管理者曾说："用他，就要信任他；不信任他，就不要用他。这样才能让下属全力以赴。"用人固然有技巧，但最重要的就是要用人不疑，疑人不用。通常受上司信任、能放手做事的人，都会有较强的责任感，所以无论上司交代什么事，都会全力以赴。

相反的，如果上司不信任下属，动不动就指手画脚，使下属觉得自己只不过是奉命行事的机器而已，事情成败与他的能力高低无关，因此对于上司交办的任务也不会全力以赴了。

然而，上司在交代员工做事时总会存着许多疑虑，譬如"这么重要的事情交给他一个人去处理，能负担得起吗？"或者"像这种敏感度很高，需要保密的事，会不会泄露出去呢？"管理者通常会有这种微妙的矛盾心理。

而更微妙的是，当上司以怀疑的眼光去看待员工时，就好像戴着有色的眼镜，一定会有所偏差，一件很平常的事也会变得疑虑丛生。相反，以坦诚的态度面对员工，就会发现对方有很多可靠的长处。信任与怀疑之间，就有这么大的差别。

总之，只有对所用之人予以充分的信任，并让其感受到自己对他的这种信任，才能激发其积极性和创造性，从而才能达到获取最大人才效益的目的。

防谗杜奸，确保平安

【菜根原味】

闻恶不可就恶，恐为谗夫泄怒；闻善不可即亲，恐引奸人进身。

【古典今译】

听到人家有恶行，不能马上就起厌恶之心，要仔细判断，看是否有人故意诬陷泄愤；听说别人的善行不要立刻相信并去亲近他，以防有奸邪的人以此作为谋求升官的手段。

【智慧解析】

大千世界，纷繁复杂。人与人之间的关系更是微妙复杂。这就要求我们在与人交往时要努力练就一双"火眼金睛"，善于识别"真朋友"还是"伪朋友"，如果不幸让你碰到一个市侩小人之类的"朋友"，那么你最好对他"敬而远之"，沾上他会令你后患无穷。

韩非是战国末期的思想家，原是韩国公子，与李斯同出于荀卿门下。韩非天生口吃，因此与别人说话总是结结巴巴。但是他擅长写文章，对人性心理的观察很敏锐，是荀卿门下最优秀的学生。

韩国当时日渐衰败，受到他国侵略，领土愈来愈狭小。韩非屡次向韩王提出建议，要求打破现状。韩王不喜欢口吃的韩非，根本无视他的建议，也不想改革。

韩王身边围绕着只会奉承阿谀的俗人，韩王重用他们，使他们肆无忌惮。但是对国家来说，最重要的却是制定法令制度，以王权治理国家，富国强兵，并寻求真正有才能的人，提拔真正的贤者。

因此，廉明正直的韩非，感叹小人当道及自己的不得志，认清了自古以来王者的政治得失与成败，写了《孤愤》《五蠹》《内外储说》《说林》《说难》等十余万字的书，即所谓的《韩非子》。

韩非本是天才的说服家，但一直没有能够发挥他的才能。韩非受到韩王的疏远，在韩国非常孤独，认为韩国的前途渺茫，他分析天下的形势，认为将来称霸天下者非秦莫属。

水工郑国被派遣到秦国建设大规模的灌溉工程，本来是韩非的策略。后来郑国叛变，巴结秦王，使秦国集中兵力攻打韩国。

郑国在进入秦国时，曾将韩非的书献给秦王政，就是《孤愤》

《五蠹》二书。

秦王政读后感叹地说："多出色的一本书，如果能与韩非见一面，死而无憾。"

当时秦王并不知道韩非这个人。

"韩非是与我同门的韩国人。"客卿李斯惶恐地对秦王说。

李斯是楚国人，与韩非同是荀卿的门下，但学业却不及韩非，后投效秦国，是吕不韦的食客之一，因此能够接近秦王而成为幕僚。

秦王立刻派遣使者到韩国，要求见韩非一面。秦王指名要见韩非，韩王心乱如麻，心想：虽然韩非看起来很不起眼，秦王却想招揽他，或许他真的是一个人才。如果真是人才，实在舍不得出让。而且韩非一直受到自己的冷落，不知会在敌国做出什么对韩国不利的事，因此而深感不安，但是对于秦国的要求又不能加以拒绝。

韩非到了秦国，向秦王政上书，建议打破六国合纵的盟约，阐述统一天下的策略，秦王非常高兴。

李斯害怕韩非会取代自己的地位，就向秦王说："韩非乃韩国公子，秦王想并吞诸侯之地，韩非必定会为自己的祖国韩国打算，而不会为秦国设想，这是人之常情。现在他长期留在我国，一旦遣送回国必将为害我国。最好的方法就是施以酷刑，杀了他。"

秦王听了他的话，逮捕韩非入狱。

韩非虽想为自己辩白，却无法把自己的意思传达给秦王。李斯派人送来毒药，并附带一封信："秦国重臣对客卿甚为不满，决定将他们全部放逐，当然也不会让他们这么回去，自己服毒自杀吧！"

韩非终于明白，于是用李斯送来的毒药解脱了一切。

秦王政很后悔逮捕韩非入狱，于是匆忙下令赦免，但韩非已自杀身亡。

史记中记载，韩非虽然写了完美的《说难》一书，但自己却难逃悲惨的命运,并且指责韩非的思想过于理智,缺乏感情。他的悲惨结局就是没有提防谗言的后果。

我们希望友情能够永久,能够越经患难越显真诚,但是友情还是经常遭到无情的践踏和破坏。是我们的友情不值得珍视吗?不!是利益的驱动让那些人丧失了良知!社会中的人越来越复杂,而我们也要努力使自己能够适应复杂情势。我们会无比怀念困厄之中朋友伸过来的坚实的手臂,也同样不要忘记自己付出的真挚友情被某些人无情地遗弃甚至加以利用。我们珍视真正的友情,同时也要有效地防范某些人对友谊的不良企图、利用或者欺骗。

那么,怎样才能做到这一点呢?不要忘了古人的忠告:"害人之心不可有,防人之心不可无。"

如果你足够细心,你就能从别人对你说话的态度上判断你的选择目标,从而能够将人群加以区分。记住,如果你足够老练,如果你细心体会,不管对方手段多高明,你都会有制敌之术,从而免受伤害。

不要抓着,过错不放

【菜根原味】

用人不宜刻,刻则思效者去;交友不宜滥,滥则贡谀者来。

【古典今译】

用人要宽厚而不可太刻薄,太刻薄就会使想为你效力的人离去;交友不可太多太滥，如果这样，那些善于逢迎献媚的人就会设法接近你，来到你的身边。

【智慧解析】

纵观历史，凡用人过于苛刻者皆不得成事，而用人"贵适用、勿苛求"的皆有奇勋。三国时，诸葛亮足智多谋，但唯独在用人方面存在着"端严精密"的偏见，他用人"至察"，求全责备。正如后人评价他时所说："明察则有短而必见，端方则有瑕而必不容。"他用人总是"察之密，待之严"，要求人皆完人；而对一些确有特长，又有棱有角的雄才，往往因小弃大，见其瑕而不重其玉，结果使其"无以自全而或见弃"，有的虽被"加意收录，而固不任之"。例如，魏延"长于计谋"，而诸葛亮总抓住他"不肯下人"的缺点，将其雄才大略看作是"急躁冒进"，始终用而不信；刘封本是一员勇猛战将，诸葛亮却认为他"刚猛难制"，劝刘备因其上庸之败而趁机除之；马谡原是一位既有所长、也有所短的人才，诸葛亮在祁山作战中先是对他用之不当，丢失街亭后又将其斩首。正因为其对人处之苛刻，而使许多官员谨小慎微，以致临终前将少才寡。与诸葛亮相反，齐桓公小白对与人争利、作战逃跑而又怀有箭杀之仇的管仲却不责之过刻，委以重任，而使管仲竭心尽力，终使齐国"九合诸侯，一匡天下"，称雄一时。

桓公名小白，原是齐国公子。管仲原本是小白之兄公子纠的师父。齐国的君主僖公死后，各公子相互争夺王位，到最后剩下公子小白与公子纠的争夺。管仲为了替公子纠争王位，还曾用箭射伤公子小白。争夺的结果是小白回到齐国继承了王位，是为齐桓公。帮助公子纠争王位的鲁国在与齐国交战中大败，只得求和。桓公要求鲁国处死纠，并交出管仲。

消息传出后，大家都同情管仲，因为被遣送到敌方去无疑是要被折磨致死。有人建议说："管仲啊！与其厚脸皮被送到敌方去，不如自己先自

第五卷　我与人——和以处众，宽以接下，恕以待人

杀。"但管仲只是一笑了之。他说："如果要杀我，当初就该和主君一起被杀了。如今还找我去，就不会杀我。"就这样，管仲被押回齐国。

意外的是，桓公马上任用管仲为新政府的宰相，这连管仲也没有想到。

管仲备受重用，是因为桓公原来的师父鲍叔牙的推荐，他和管仲自幼就是密友。鲍叔牙也是个出色的人才，原本在桓公继位后，让他出任宰相。但是他却对桓公说："如果大王认为当上齐君就满足了，或许我可以胜任；如果想称霸天下，我的才能还不够。只有任用管仲为相，才能达到目的。管仲的才干是天下无人能比的。"

鲍叔牙自己引退而力荐管仲，尤其是提拔一个该杀的敌方谋士为相，令左右的人感到惊讶。而明智的桓公却因鲍叔牙一席天下霸业的话，决定赌上一赌。

果然，管仲处事敏捷，事事谨慎，断判正确，在紧要关头能迅速解决困难，掌握整个局面。

正所谓"金无足赤，人无完人"，是人，难免会有犯错之时。作为领导，我们不能苛求自己的下属完美无瑕，倘若我们一味地强调枝节问题，抓住下属的"辫子"不放，那么上下级之间就很难搞好关系，久而久之，我们真的就无人可用了。

刘邵在《人物志》中说，那些性格刚正、志向高远的人，往往不善于做细致琐碎的事，这样的人一方面有着宏远的志向，一方面在小事上又容易表现得粗心大意、迷迷糊糊。而严厉亢奋的人，在法理方面可以做到有理有据，正直公平，但是缺乏灵活变通的一面，因而会显得暴躁，不通情理。性格宽容迂缓的人，为人很有仁义，重感情，但是办事会很没效率，有时候对时势也不能迅速准确地把握。好奇求异的人，性情狂放不羁，运用权谋、诡计则卓异出众，但如果用平常的道德观念来看待，这种人往往

是违背常规不近人情的。

我们在企业管理中遇到不同个性的下属,就要区别对待,用其长处,避其短处,不能一味纠缠于细枝末节。

穷寇勿追，为鼠留路

【菜根原味】

锄奸杜幸，要放他一条去路。若使之一无所容，譬如塞鼠穴者，一切去路都塞尽，则一切好物俱咬破矣。

【古典今译】

要想铲除杜绝那些邪恶奸诈之人，就要给他们一条改过自新、重新做人的路径。如果使他们走投无路、无立锥之地的话，就好像堵塞老鼠洞一样，一切进出的道路都堵死了，那么一切好的东西也都被咬坏了。

【智慧解析】

人在面临绝境时，大多有三种状态：一是坐以待毙；二是全力挣扎，以死相拼；三是竭尽自己的智慧，积极地寻求摆脱的办法。第二三种状态给那些暂时得势的征服者以深刻警示，就是斩草除根固然重要，但"置人于死地"也往往容易激起更强烈的反弹力，反而可能会瞬间成败易位。因而在征服者已经把被征服者置于必败之险境的同时，必当考虑要给其留有一点"生"的余地。

第五卷 我与人——和以处众，宽以接下，恕以待人

河北平定之后，曹仁跟随曹操包围壶关。曹操下令说："城破以后，把俘虏全部活埋。"连续几个月都攻不下来。

曹仁对曹操说："围城一定要让敌人看到逃生的门路，这是给敌人敞开一条生路。如果你告诉他们只有死路，敌人会人人奋勇守卫。而且城池坚固粮食又多，攻则会伤亡士兵，围守便会旷日持久。今日陈兵在坚城的下面，去攻击拼死命的敌人，不是好办法。"

曹操采纳了他的意见，城上守军投降了。

乱世之主，一生百战，胜败在所难免。而每一战的胜利，都可能有一批降者，如何对待降者，霸主们或杀或留，自有一番主张。虽然对于降者斩尽杀绝的做法，可以起到斩草除根的作用，但是英明的霸主往往是不杀降的。

曹操一生不杀降的事很多，收编青州黄巾军即为其一。

曹操打败于毒的黑山军后，于兖州东郡有了立足点，做了名副其实的东郡太守，名声大振后，采纳陈宫策略，决定先平定黄巾，再图取天下。于是曹操向青州黄巾军发起进攻。当黄巾军退至济北时，已是寒冬十二月，衣食接济很困难。曹操敦促黄巾军投降。经谈判后，黄巾军数十万人向曹操投降，愿意接受他的指挥。曹操非常高兴，宣布既往不咎，一个也不加伤害，将其中的老幼妇女缺乏作战能力的，全部安排在乡间从事生产，挑选其中精壮者，组成"青州军"。

这样，曹操的军事力量大增，他终于有了一支同其他割据势力抗衡的武装队伍。

同时，对于像张绣那样降而复叛，叛而复降，并致使爱将典韦、长子曹昂、侄儿曹安民丧生的投归者，曹操也不计较，并表示热烈的欢迎，立即任命他为扬武将军，封他为列侯，还与他结为儿女亲家，为己子曹均娶了张绣的女儿。在后来的官渡之战中，张绣为曹操打败袁绍立下了战功。

因此曹操的一生，虽然杀了很多人，但他的不杀降，确实为壮大自己的力量，向天下人显示自己的宽阔胸怀和不计私怨的品格，从而为曹操取信于天下，争取更多的智能之士归附他，起到了积极的作用。

我们应以此为鉴，在日常生活中，记得留一点余地给得罪你的人，给对方一个台阶下，得理饶人，否则不但消灭不了眼前的"敌人"，还会无形中增加你的潜在危险。做人千万不要太绝，多给别人留条路，正是给自己留一条退路。

杯弓蛇影，猜疑不和

【菜根原味】

机动的，弓影疑为蛇蝎，寝石视为伏虎，此中浑是杀气；念息的，石虎可作海鸥，蛙声可当鼓吹，触处俱见真机。

【古典今译】

好用心机的人，会怀疑酒杯中的弓影是毒蛇，将草中的石头当作蹲着的老虎，内心中充满了杀气；意念平和的人，把凶恶的石虎当作温顺的海鸥，把聒噪的蛙声当作吹奏的乐曲，眼中所见到的都是真正的机趣。

【智慧解析】

生活中我们常会碰到一些猜疑心很重的人，认为人人都不可信、不可交。如果见到几个同事背着他讲话，就会怀疑是在讲他的坏话；领导有时对他态度冷淡一些,就会觉得领导对自己有了看法等等。喜欢猜疑的人特别注意留心外界和别人对自己的态度,别人脱口而出的一句话很可能让他琢磨半天,努力发现其中的"潜台词",这样便不能轻松自然地与人交往,久而久之不仅自己心情不好,也影响到人际关系。

桓伊是东晋孝武帝时期最出色的音乐家,他尤其擅长演奏竹笛,被称为"江南第一竹笛演奏家"。

当时,宰相谢安由于功劳和名声都特别大,引起了朝廷中一些小人的妒忌。他们恶意造谣中伤,在皇帝面前说谢安的坏话。于是,孝武帝与谢安之间便产生了矛盾。

有一天,孝武帝邀请桓伊去参加一个宴会,谢安也去陪同。桓伊想利用这个机会调解他们的矛盾。因为皇帝和宰相之间不和,对国家和人民是大为不利的,何况,孝武帝是受了坏人的挑拨和蒙蔽,更不应该冤枉了德才兼备、忠心耿耿的谢安。

孝武帝命令桓伊吹笛子,他吹奏一曲之后,便放下竹笛说:"我对筝的演奏虽然比不上吹笛子,但还勉强可以边弹边唱,我想为大家演唱一曲助助兴,还想请一个会吹笛子的人来帮我伴奏。"

孝武帝便命令宫廷中的一名乐妓为桓伊伴奏。桓伊又说:"宫廷中的乐师与我可能配合不好,我有一个奴仆,很会与我配合。"孝武帝便同意了桓伊的要求。

那位奴仆吹笛,桓伊便一边弹筝一边唱道:"当皇帝真不容易,当臣子也很难,忠诚老实的没好结果,反而有被怀疑的祸患,周公旦一心辅佐周文王和周武王,管叔和蔡叔反而对他散布流言蜚语。"桓伊唱得声情并茂,真挚诚恳,谢安听着听着,禁不住泪如雨下,沾湿了衣袖。一曲唱完,谢安离开座位来到桓伊身边,抚摸着他的胡须说:"您太出色了!"孝武帝听了这首歌曲之后,也是面带愧色。后来,君臣之间便消除了误会,两人和好如初。

桓伊在适当的场合，运用自己的音乐特长来劝谏皇帝，收到了用语言所难以达到的效果，不愧为高明之举。他深知对于一个国家来讲，君臣不睦，尤其是君臣相互猜疑，那国家的灾难也就要来临了。要治理好一个国家，君臣各方面都不要疑神疑鬼，尤其是为人君者，更应不受蒙蔽，要心中有数，善于用人才行。

君臣相互猜疑不和，对于国家而言，大难也就要来临了。作为臣子，应该怎么去处理这个问题？是借机挑拨，以便使自己飞黄腾达？还是以自己的努力去尽量弥补君臣之间的嫌隙？桓伊从大局出发，作出了正确的选择。

忘怨忘过，念功念恩

【菜根原味】

我有功于人不可念，而过则不可不念；人有恩于我不可忘，而怨则不可不忘。

【古典今译】

自己帮助或救助过别人，不要常常挂在嘴上或记在心头，但是对不起别人的地方却不可不经常反省；别人曾经对我有过恩惠不可以轻易忘怀，别人做了对不起我的事情不可不忘掉。

第五卷 我与人——和以处众，宽以接下，恕以待人

【智慧解析】

待人有功，不必张扬炫耀；但如有过错，则应当严加自责。人家有恩于我，虽滴水之恩，也当涌泉相报，而人家得罪于我、冒犯于我，则应当宽以释怀。这是一种超越自我、完善自我的态度。在这方面，唐太宗李世民就为我们树立了榜样。

李世民临终前，预感到自己在世的日子已经不多了，于是作了《帝范》十二篇赐给太子。他说："修身立德，治理国家的事情，已经全在里面了。我有何不测，这就是我的遗言。除此以外，就没有什么可说的了。"太子接到《帝范》，非常伤心，泪如雨下。李世民说："你更应当把古代的圣人们当作自己的老师，你若只学我，恐怕连我也赶不上了！"太子说道："陛下曾叫儿臣到各地视察，了解民间疾苦。儿臣所到的地方，百姓都在歌颂陛下宽仁爱民。"李世民说道："我没有过度使用民力，百姓受益很多，因为给百姓的好处多、损害少，所以百姓才不抱怨；但比起尽善尽美来，还差得远呢！"他又告诫太子说："你没有我的功劳而要继承我的富贵，只有好好干，才能保住国家平安，若骄奢淫逸，恐怕连你自己都保不住。一个政权建立起来很难，而要败亡，那是很快的事；天子的位子，得到它很难而失掉它却很容易。你一定得爱惜，一定得谨慎啊！"

太子李治叩着头说："陛下的教诲儿臣当铭记在心，决不让陛下失望。"李世民说："你能这样想。我也就没有什么不放心的了。"

唐太宗教育太子，要求宽仁待人，报民众拥戴之恩，同时要反省自己的过错，并不断地调适自己，端正行为。这种博大的心胸，严于律己、宽以待人的精神，直到现在，不管是当政还是为学，都应当把它奉为楷模。

一个有修养的人不同于一般人的地方，首先在于待人的恩怨观是以恕人克己为前提的。一般人总是容易记仇而不善于怀恩，因此有"忘恩负义""恩将仇报""过河拆桥"等说法，古之君子却有"以德报怨""涌泉

相报""一饭之恩终身不忘"的传统。为人不可斤斤计较，少想别人的不足、别人待我的不是；别人于我有恩应时刻记取于心。人人都这样想，人际关系就和谐了，世界就太平了。用现在的话讲，多看别人的长处，多记别人的好处，矛盾就化解了。

宽严互用，恩威并施

【菜根原味】

处治世宜方，处乱世当圆，处叔季之世当方圆并用。待善人宜宽，待恶人当严，待庸众之人宜宽严互存。

【古典今译】

生活在太平盛世，为人处世应当严正刚直；生活在动荡不安的时代，为人处世应当圆滑老练；生活在衰乱将亡的时代，为人处世就要方圆并用。对待心地善良的人，应当更多一些宽容；对待凶恶的人，应当更加严厉；对待那些庸碌平凡的众生，则应当根据具体情况，宽容和严厉互用，恩威并施。

【智慧解析】

无规矩不成方圆，为人处世，当宽则宽，当严则严，这才合乎做人的本性。同样，对于一个将军来说，"哀兵必胜"和"慈不掌兵"同样重要。在工作时是上下级领导关系，在平时则是同志战友关系。"团结紧张，严肃活泼",强调了军队恩威并施、宽严并用的统领之道。

汉代的朱博是一介武生,他后来调任地方文官,利用恩威并施的手段,顺利地制服了地方上的恶势力,被人们传为美谈。

在长陵一带,有个大户人家出身的名叫尚方禁的人,年轻时曾侮辱邻居的妻子,被人用刀砍伤了脸。如此恶棍,本应重重惩治,只因他大大地贿赂了官府的功曹,而没有被革职查办,最后还被调升为负责治安的守尉。

朱博上任后,有人向他告发了此事。朱博觉得真是岂有此理!就马上把尚方禁找来。尚方禁心中七上八下,只好硬着头皮来见朱博。朱博仔细看了看尚方禁的脸,果然发现有疤痕。就命左右退去,假装十分关心地询问究竟。

尚方禁做贼心虚,知道朱博已经了解了他的情况,就像小鸡啄米似的接连给朱博叩头,如实地讲了事情的经过。头也不敢抬,只是一个劲地哀求道:"请大人恕罪,小人今后再也不干那种伤天害理的事了。"

"哈哈哈……"没想到朱博突然大笑道:"男子汉大丈夫,难免会发生这种事情。本官想为你雪耻,给你个立功的机会,你能好好干吗?"这时的尚方禁哪里还敢说半个不字。

于是,朱博就命令尚方禁不得向任何人泄露今天的谈话情况,要他有机会就记录一些其他官员的言论,并且及时向朱博报告。听到这里,尚方禁心里的石头才算落了地,他赶紧表态说一定好好干。从此之后,尚方禁便成了朱博的亲信和耳目。

自从被朱博宽释重用之后,尚方禁对朱博的大恩大德时刻铭记在心,所以,干起事来就特别地卖命。不久,就破获了许多盗窃、杀人、强奸等犯罪案件,使地方治安情况大为改观。朱博遂提升他为连守县县令。

又过了相当一段时期,朱博突然召见那个当年收了尚方禁贿赂的功曹，对他单独进行了严厉训斥，并拿出纸和笔，要那位功曹把自己受贿一个钱以上的事通通写下来，不能有丝毫隐瞒。

那位功曹早已吓得如筛糠一般，只好提起笔，写下自己的斑斑劣迹。由于朱博早已从尚方禁那里知道了这位功曹贪污受贿，为奸为贼的事，所以，看了功曹写的交代材料，觉得大致不差，就对他说："你先回去好好反省反省，听候本官裁决。从今以后，一定要改过自新，不许再胡作非为！"说完就拔出刀来。

那功曹一见朱博拔刀，立时吓得两腿发软跪在地下，嘴里不住地喊："大人饶命！大人饶命！"只见朱博将刀晃了一下，一把抓起那位功曹写下的罪状材料，三两下，就将其撕成纸屑，扔到纸篓里去了。自此以后，那位功曹整天如履薄冰、战战兢兢，做起事来尽心尽责，不敢有丝毫懈怠。

统驭下属是一门复杂的学问，对下属太严，就会引起他们的反抗，对下属太宽，又不利于管理。所以对于下属，应该是用慈母的手握住钟馗的剑，恩威并施、宽严相济。

慈母的手、慈母的心，是每一个经营者都应具备的。对于自己的部属和员工，要维护和关怀。因为，他们是你的同路人，甚至是你的依靠。而且，也只有如此，才能团结他们，共达目标。

做人不可，太过傲慢

【菜根原味】

毋偏信而为奸所欺，毋自任而为气所使；毋以己之长而形人之短，毋因己之拙而忌人之能。

【古典今译】

不要盲目听信某一方面的言辞而被那些奸邪的小人所欺骗，也不要自以为绝对正确而被一时的意气所驱使；不要用自己的长处来比较人家的短处，不要因为自己的笨拙而忌妒人家的才能。

【智慧解析】

生活中常常有些人有点本事就傲气凌人，由于有些能力，就很自信，往往瞧不起不如自己的人，以致目无一切。人过于自信就容易偏信，傲以待人便就无人，这样意气用事，被人利用，妒人之能，却难自知。一个修养好的人，往往具备公正、无私、诚恳、同情的品性，而偏袒、自私、欺骗、忌妒则往往在修养较差的人身上表现出来。人有本领、能力强是好事，但如果借此而形成许多恶习，便变成了坏事。

三国初期，盘踞汉中地区的汉中太守张鲁，打算夺取西川，扩大势力，登上"汉中王"的宝座。益州牧刘璋急派别驾张松到许都向曹操求援。张松走时，除携带一批准备献给曹操的金银珍宝以外，还暗地藏了一幅西川的地形详图。由于刘璋糊涂而又懦弱，当时川中的有识之士都感到群雄竞争的形势下，刘璋绝对不能保住西川，因此不少人都有另投靠山的打算。张松借出使的机会，带着这幅极有价值的军事地图，就是有这种想法。

张松一行到了许都，被安置在驿馆里，等了三天才得到接见的通知，心中很有些不高兴。而且丞相府的上下侍从都公开索贿，才肯引见，这使得张松更加摇头。曹操接见张松时态度极为傲慢，责问说："你的主人刘璋，为什么这几年都不来进贡？"张松巧妙地解释："因为道路艰难，贼寇又多，常常拦路抢劫，不能通过。"曹操大声呵斥说："我已扫清中原地区，哪里还有什么贼寇！分明是捏造借口。"

张松是西川有名的人物，虽然生得头尖额翘，鼻低齿露，身长不满五尺，但嗓音洪亮，说话有如铜钟之声。他读书很多，有超人的见解，以富有胆识闻名。自来许都后，遭到如此慢待，心中早已不快；今天又见曹操这般蛮横，便断了投奔他的念头，决心教训他一番。曹操刚讲完话，张松嘿嘿一笑说："目前江南还有孙权，北方存在张鲁，西面站着刘备，他们中间拥有军队最少的也有十余万人，这算得上太平吗？"

这一段抢白顿时使曹操窘得说不出话来。曹操一开始见到张松，觉得他个子小，长相怪，猥猥琐琐，已有五分不喜欢，现在又遭到他言语冲撞，让人很不高兴，于是一甩袖子，起身转进后堂去了。

曹操左右的人纷纷责怪张松无礼，不该这样顶撞丞相。张松冷笑一声说："可惜我们西川没有会说奉承讨好言辞之人！"这句话不打紧，立即招来一声大喝："你们西川人不会奉承讨好，难道我们就有这样的人吗？"张松转眼一看，这人生得丹眉细眼，貌白神清，原来是丞相门下的掌库主簿杨修。张松听说过他是朝廷太尉杨彪的儿子，博学善辩，不觉有心想难他一难。杨修也一向自命不凡，发现张松不是一般人物，就邀请张松到旁边书院里会上一会。

两人坐定后,杨修略作寒暄说:"出川的道路崎岖,先生远来一定很辛苦。"

张松表示:"奉主人的命令办事,虽赴汤蹈火,也不能推却啊!"

杨修存心考考张松的知识,询问说:"川中的风土民情怎样?"

张松察觉对方的用意,便回答:"川中原是西方的一郡,古时称为益州。锦江的道路险峻,剑阁的地势雄壮。周围百八十条道路,纵横三万多里。人烟稠密,到处听得到鸡啼狗叫的声音。市场繁荣,抬头看得到四通八达的街巷。土地肥沃,没有什么水旱灾害。人民富裕,文化生活十分发达。加之物产堆积如山,是任何地方都比不上的!"

杨修接着又询问一句:"川中的人才怎么样?"

张松越发得意地说:"西川历史上出现过大辞赋家司马相如、名将马援、'医圣'张仲景和著名阴阳家严君子。其他出类拔萃的人才,数也数不完!"

杨修逼问一句:"那么当今刘璋手下,像你这样的人还有几个?"

张松一耸肩说:"文武全才、有智有勇、为人忠义慷慨的,有几百人之多。像我这样无能的,更是车载斗量,难以计算了。"

杨修又问一句:"先生现在担任什么职务?"

张松谦虚地回答说:"滥充一名别驾,很不称职。"迅速反问,"敢问杨先生在朝廷里担任什么职务?"

杨修回答说:"在丞相府里担任一名主簿。"

张松不客气地反扑过来:"杨先生的上代担任国家高级官员,为什么不到朝廷里任职,直接协助皇帝工作,而屈居在丞相府里做这样一个小官!"

杨修听了这话,满脸惭愧,硬着头皮勉强解释说:"我虽然职位不高,但蒙丞相将处理军政钱粮的重任交付给我,而且早晚还可以得到丞相的教诲,很受启发,所以就接受了这个职位。"

张松听到这句话,干笑一声说:"我听说曹丞相文的方面不明白孔孟之道,武的方面不了解孙武、吴起的兵法,仅仅依靠强横霸道取得丞相的高位,哪能有什么教诲来启发阁下呢?"

杨修一本正经地说:"不对,先生居住在边地,怎么知道丞相的杰出才干呢?我不妨让你开开眼界。"说着,叫手下人从书箱里拿出一卷书来,递给张松。张松一看书名题作《孟德新书》,于是从头到尾翻了一遍,其中共有13篇,都是谈论战争中的重要策略的。谁知张松看完,颇有些不以为然地对杨修说:"杨先生怎样看待这部书呢?"

杨修不无炫耀地回答:"这是曹丞相博古通今,模仿13篇《孙子兵法》写成的。你看这部书可以传之不朽吗?"

张松竟扬声笑了起来:"我们西川三尺高的孩子都能把这部书背下来,怎能叫'新'呢!这原是战国时代一位无名氏的作品,曹丞相把它剽窃来表现自己,这只能骗骗阁下罢了!"

杨修不无嗔怪地说:"这完全是丞相自己写成的,先生说什么川中的孩子都能背诵,欺人太甚了吧!"

不料张松立即应声说:"先生如果不相信,我马上背给你听。"说着,即合起书来,从头到尾将书中全部字句背诵了一遍,一字不差。杨修这时才大吃一惊说:"张先生过目不忘,真是天下的奇才啊!"

后来,杨修在曹操面前夸赞张松,要求重新接见张松。终因双方的观点差距太大,张松又讽刺了曹操一顿,然后离开许都,把身上带着的那张十分有价值的地图献给刘备去了。

可惜曹操一辈子都在搜罗人才,却因自己一时的骄矜之态而助了他人一臂之力。

做人做事没有一股精神是不行的，这股精神就是成功的基本前提。但是，整天傲视一切，面前的所有一概不放在眼中，这却又是做人做事的大敌。正如人们常说的那样，俯下身子做事，夹起尾巴做人。从中我们不难领会到做事和做人的道理来，也正如我们常言道：做人做事不可没有傲骨，但决不可有傲气。

　　我们应当懂得这样一个道理，任何一个人的生存与发展，都需要一定的环境，而在你所处的环境当中，也一定会有有利的因素，或更多不利的因素。对于那些不利的因素，我们当然要想办法改变它，使之消亡或变成有利的因素。但往往是许多人因自己的言行举止、傲气或傲慢，人为地产生了许多不利因素，甚至使有利因素变成了不利因素，从而形成了个人前进道路上不必要的障碍，比如，年轻人的傲慢，读书人的清高，权力者的专横都属此种。如果一个人有了一点点成绩就天天尾巴翘得老高，谁也碰不得，谁也摸不得，自我为核心，他人边缘化，这样的人肯定不会长久，最后肯定是凄惨而终。

高步立身，退而处世

【菜根原味】

　　立身不高一步立，如尘里振衣，泥中濯足，如何超达？处世不退一步处，如飞蛾投烛，羝羊触藩，如何安乐？

【古典今译】

立身如果不能站在更高的境界，就如同在灰尘中抖衣服，在泥水中洗脚一样，怎么能够做到超凡脱俗呢？为人处世如果不退一步着想，就像飞蛾投入烛火中，公羊用角去抵藩篱一样，怎么会有安乐的生活呢？

【智慧解析】

在愈发拥挤的世界上，如果每人多一颗谦让的心，少点争执，少点指责，那么生活中就不会有那么多需要解决的争端。胸怀全局的人会不计较一时的得失和个人利益，有时还会为此做出牺牲。正因为如此，最终获益的是国家和社会，而个人自然也会得到益处。这种策略不仅是为人处世之道，也是治世之大道。

卓茂是西汉时宛县人，他的祖父和父亲都当过郡守一级的地方官，自幼他就生活在书香门第中。汉元帝时，卓茂来到首都长安求学，拜在朝廷任博士的江生为师。在老师指点下，他熟读《诗经》《礼记》和各种历法、数学著作，对人文、地理、天文、历算都很精通。此后，他又对老师江生的思想细加揣摩，在微言大义上下苦功，终于成为一位儒雅的学者。在他所熟悉的师友学弟中，他的性情仁厚是出了名的。他对师长，礼让恭谦；对同乡同窗好友，不论其品行能力如何，都能和睦相处，敬待如宾。

卓茂的学识和人品备受称赞，丞相府得知后，特来征召，让他侍奉身居高位的孔光，可见其影响之大。

有一次卓茂赶马出门，迎面走来一人，那人指着卓茂的马说，这就是他丢失的。卓茂问道："你的马是何时丢失的？"那人答道："有一个多月了。"卓茂心想，这马跟着我已好几年了，那人一定搞错了。尽管如此，卓茂还是笑着解开缰绳把马给了那人，自己拉着车走了。走了几步，又回头对那人说："如果这不是你的马，希望到丞相府把马还给我。"

过了几天，那人从别的地方找到了他丢失的马，便到丞相府，把卓茂的马还给他，并叩头道歉。

一个人要做到像卓茂那样，的确是不容易的。这种胸怀，不是一时一事所能造就的，它是在长期的熏陶、磨炼中逐渐形成的。俗话说，退一步不为低。能够退得起的人，才能做到不计个人得失，才能站在更高的境界，才能与人和睦相处。

退步宽平，争让有度

【菜根原味】

争先的径路窄，退后一步，自宽平一步；浓艳的滋味短，清淡一分，自悠长一分。

【古典今译】

人人竞相争先的道路最为狭窄，如果能够退后一步，道路自然就会宽广一步；追求浓艳华丽而享受到的滋味很短暂，如果清淡一些，趣味反而更加悠久。

【智慧解析】

假如世人都能抱有这种"退步宽平，清淡悠久"的人生观，人与人之间就不会有这么多纠纷了。但事实上很难，因为好胜之心人皆有之。这就存在一个适时的问题，即在什么样的条件下应该争胜，什么样的情况下应该退让。做人贵在自然，做事不可强求，在大是大非面前，在天下兴亡的大义面前，不争何待？在名利场中，在富贵乡中，在人际是非面前，退一步让一下有何不好？

　　战国时，齐国有三个大力士，一个叫公孙接，一个叫田开疆，一个叫古冶子，号称"齐国三杰"。他们因为勇猛异常，被齐景公宠爱，晏子遇到这三个人总是恭恭敬敬地快步走过去。可是这三个人仗着齐景公的宠爱，为所欲为，每当见晏子走来，坐在那里连站都不站起来，根本不把晏子放在眼里。

　　晏子很想把他们除掉，又怕国君不听，反倒坏了事。于是心里暗暗拿定了主意：用计谋除掉他们。

　　一天，鲁昭公来齐国访问。齐景公设宴招待他。鲁国是叔孙诺执行礼仪，齐国是晏子执行礼仪。君臣四人坐在堂上，"三杰"佩剑立于堂下，态度十分傲慢。正当两位国君喝得半醉的时候，晏子说："园中的桃子已经熟了，摘几个来请二位国君尝尝鲜吧！"齐景公传令派人去摘。晏子说："桃子很难得，我应当亲自去摘。"不一会儿，晏子领着园吏，端着玉盘献上六枚桃子。景公问："就结这几个吗？"晏子说："还有几个，没太熟，只摘了这六个。"说完就恭恭敬敬地献给鲁昭公、齐景公每人一个桃子。鲁昭公边吃边夸桃子味道甘美，齐景公说这桃子不易得到，叔孙大夫天下闻名，应该吃一个。叔孙诺说："我哪里赶得上晏相国呢！这个桃应当请相国吃。"齐景公说："既然叔孙大夫推让相国，就请你们二位每人吃一个吧！"两位大臣谢过景公。晏子说："盘中还剩下两个桃子，请君王传令各位臣子，让他们都说一说自己的功劳，谁功劳大，就赏给谁吃。"齐景公说："这样很好。"便传下令去。

　　话音未落，公孙接走了过来，得意扬扬地说："我曾跟着主公上山打猎，忽然一只吊睛猛虎向主公扑来，我用尽全力将老虎打死，救了主公性命，如此大功，还不该吃个桃吗？"晏子说："冒死救主，功比泰山，应该吃一个桃。"公孙接接过桃子就走。

古冶子喊道:"打死一只虎有什么稀奇!我护送主公过黄河的时候,有一只鼋咬住了主公的马腿,一下子就把马拖到急流中去了。我跳到河里把鼋杀死了,救了主公,像这样大的功劳,该不该吃个桃?"景公说:"那时候黄河波涛汹涌,要不是将军除鼋斩怪,我的命就保不住了。这是盖世奇功,理应吃个桃。"晏子急忙递给古冶子一个桃子。

田开疆眼看桃子分完了,急得跳起来大喊:"我曾奉命讨伐徐国,杀了他们主将,抓了五百多俘虏,吓得徐国国君称臣纳贡,邻近几个小国也纷纷归附咱们齐国,这样的大功,难道就不能吃个桃子吗?"晏子忙说:"田将军的功劳比公孙将军和古冶将军大十倍,可是桃子已经分完,请喝一杯酒吧!等树上的桃子熟了,先请您吃。"齐景公也说:"你的功劳最大,可惜说晚了。"田开疆手按剑柄,气呼呼地说:"杀鼋打虎有什么了不起!我跋涉千里,出生入死,反而吃不到桃,在两国君主面前受到这样的羞辱,我还有什么脸活着呢?"说着竟挥剑自刎了。公孙接大吃一惊,拔出剑来说:"我的功小而吃桃子,真没脸活了。"说完也自杀了。古冶子沉不住气说:"我们三人是兄弟之交,他们都死了,我怎能一个人活着?"说完也拔剑自刎了。人们要阻止已经来不及了。

鲁昭公看到这个场面无限惋惜地说:"我听说三位将军都有万夫不当之勇,可惜为了一个桃子都死了。"

我们做人,应该争让有度。争,不做莽夫之争,而是血性之争,为自身尊严而争,为民族荣誉而争;让,不做懦弱退缩,而是心怀博爱,不计小利,为更多有才情抱负的人提供机会,这样的争与让更加让人佩服。血性与宽容,是苍鹰的两只翅膀,不争,不足以立志;不让,不足以成功。

不念旧恶，养德远害

【菜根原味】

不责人小过，不发人阴私，不念人旧恶。三者可以养德，亦可以远害。

【古典今译】

做人的基本原则，就是不要责难别人轻微的过错，不要随便揭发个人生活中的隐私，更不可对他人过去的坏处耿耿于怀久久不肯忘掉。做到这三点，不但可以培养自己的品德，也可以避免遭受意外灾祸。

【智慧解析】

做人应当宽宏大量，不要紧紧抓住别人的错误或缺点不放，若行为后者，只能证明自己人品的卑劣，而且也表现了自己狭隘的胸襟。能宽容待人，能容许人家犯错误，同样能造福于自己和别人，从而避免祸害。

西汉初年，天下已定，各位功臣翘首以待，希望能有个好结果，有的已等待不及，早就在那儿争论功劳大小了。刘邦觉得，也到了该封赏之时了。

封赏结果，文臣优于武将。那些功臣多为武将，对此颇为不服，其中尤其对萧何封侯、地位最高、食邑最多，最为不满。于是，他们不约而同，找到刘邦对此提出质疑："臣等披坚执锐，亲临战场，多则百余战，少则数十战，九死一生，才得受赏赐。而萧何并无汗马功劳，徒弄文墨，

第五卷 我与人——和以处众，宽以接下，恕以待人

安坐议论，为何还封赏最多？"

刘邦打了个形象的比喻，说："诸位总知道打猎吧！追杀猎物，要靠猎狗，给狗下指令的是猎人。诸位攻城克敌，却与猎狗相似，萧何却能给猎狗发指令，正与猎人相当。更何况萧何是整个家族都跟我起兵，诸位跟从我的能有几个族人？所以我要重赏萧何，诸位不要再疑神疑鬼。"

众功臣私下的议论当然免不了，但毕竟与萧何无仇，对此事再不满也就算了。

一天，刘邦在洛阳南宫边走边观望，只见一群人在宫内不远的水池边，有的坐着，有的站着，一个个看去都是武将打扮，在交头接耳，像是在议论着什么。刘邦好生奇怪，便把张良找来问道："你知道他们在干什么？"

张良毫不迟疑地答道："这是要聚众谋反呢！"

刘邦一惊："为何要谋反？"

张良却很平静："陛下从一个布衣百姓起兵，与众将共取天下，现在所封的都是以前的老朋友和自家的亲族，所诛杀的是平生自己最恨的人，这怎么不令人望而生畏呢？今日不得受封，以后难免被杀，朝不保夕，患得患失，当然要头脑发热，聚众谋反了。"

刘邦紧张起来："那怎么办呢？"

张良想了半晌，才提出一个问题："陛下平日在众将中有没有造成过对谁最憎恨的印象呢？"

刘邦说："我最恨的就是雍齿。我起兵时，他无故降魏，以后又自魏降赵，再自赵降张耳。张耳投我时，才收容了他。现在灭楚不久，我又不便无故杀他，想来实在可恨。"

张良一听，立即说："好！立即把他封为侯，才可消除眼下的人心浮动。"

刘邦对张良是极端信任的，他对张良的话没有提出任何疑义，他相信张良的话是有道理的。

几天后，刘邦在南宫设酒宴招待群臣。在宴席快散时，传出诏令："封雍齿为什邡侯。"

雍齿真不敢相信自己的耳朵。当他确信无疑真有其事后，才上前拜谢。雍齿封为侯，非同小可。那些未被封侯的将吏和雍齿一样高兴，一个个都喜出望外："雍齿都能封侯，我们还有什么可顾虑的呢？"

事情真被张良言中了，矛盾也就这么化解了。

一个人应当有宽广的胸襟，可以容忍别人，容纳各种事件，不计个人利害得失。心胸狭窄，与人为难、与己为难，时常忧愁，局促不安，就不可能做成事业。只有懂得宽容的人，才能胸襟坦荡、虚怀若谷、态度谦和，使人感到亲切，使大家紧紧围绕在你的周围。

一念一言，切勿犯忌

【菜根原味】

有一念而犯鬼神之禁，一言而伤天地之和，一事而酿子孙之祸者，最宜切戒。

【古典今译】

如果有一个念头容易触犯鬼神的禁忌，说一句话会伤害人间的祥和之气，做一件事会造成子孙后代的祸患，那么这便是我们要切记并引以为戒的。

【智慧解析】

在为人处世中，场面话谁都能说，但并不是谁都会说，一不小心，也许你就踏进了言语的"雷区"，触到了对方的隐私和短处，犯了对方的忌讳，对听话者造成一定的伤害。其实，每个人都有所长，亦有所短，为人处世的成功，一个很重要的因素就是善于发现对方身上的优点，夸奖对方的长处，而不要抓住别人的隐私、痛处和缺点，大作文章。切记：揭人之短，伤人自尊！

明太祖朱元璋出身贫寒，做了皇帝后自然少不了有昔日的穷哥们儿到京城找他。这些人满以为朱元璋会念在昔日共同受罪的情分上，给他们封个一官半职，谁知朱元璋最忌讳别人揭他的老底，以为那样会有损自己的威信，因此对来访者大都拒而不见。

有位朱元璋儿时一块光屁股长大的好友，千里迢迢从老家凤阳赶到南京，几经周折总算进了皇宫。一见面，这位老兄便当着文武百官大叫大嚷起来："哎呀，朱老四，你当了皇帝可真威风呀！还认得我吗？当年咱俩可是一块儿光着屁股玩耍，你干了坏事总是让我替你挨打。记得有一次咱俩一块偷豆子吃，背着大人用破瓦罐煮。豆还没煮熟你就先抢起来，结果把瓦罐都打烂了，豆子撒了一地。你吃得太急，豆子卡在嗓子眼儿还是我帮你弄出来的。怎么，不记得啦！"

这位老兄只顾着在那喋喋不休唠叨个没完，宝座上的朱元璋再也坐不住了，心想此人太不知趣，居然当着文武百官的面揭我的短处，让我这个当皇帝的脸往哪儿搁。盛怒之下，朱元璋下令把这个穷哥们儿杀了。

短处，人人都有，有的可能自己心里也很清楚，可是由别人嘴里说出来就让人不舒服。俗话说"打人不打脸，骂人不揭短"，没有一个人愿意让别人攻击自己的短处。若不分青红皂白，一味说对方的短处，很容易引发唇枪舌战，最终导致两败俱伤。

究其根由，人们之所以怕被人揭短，主要是自尊心使然，感觉面子上过不去。因此，你若想建立一个良好的人际关系网，就一定不要去碰触别人的短处。

冷眼观物，热诚有度

【菜根原味】

君子宜净拭冷眼，慎勿轻动刚肠。

【古典今译】

君子不论遇到什么情况，都应注意保持冷静态度细心观察，切忌随便表现自己耿直的性格以免坏事。

【智慧解析】

人与人相处，少不了互相帮帮忙，你对这种事情应该采取什么态度呢？应该有乐于助人的热心，但也要把握分寸。

天荣早就知道好友志冬有大手大脚、不拘小节的毛病，天荣一直认为这是男子汉粗犷豪放的体现，甚至因此埋怨自己什么事都算计，节俭得有点苛刻。

第五卷 我与人——和以处众，宽以接下，恕以待人

因为要照顾得病的父亲，天荣通过志冬调到了他们的单位，两个好朋友一下子形影不离了，聊天、游泳、喝酒，出则成双，入则成对，志冬也经常帮助天荣照顾父亲。

不久，天荣厌倦了这种生活，并开始讨厌志冬粗犷豪放的性格，每次吃饭，志冬都会要上满满的一桌菜，有时吃完饭，一抹嘴起身便走，留下天荣埋单。一向节俭的天荣劝了志冬多少次，志冬也不听。一次吃饭，上述情况再一次出现，这一次天荣非常恼火，付完钱告诉志冬，我有父亲需要照顾，以后吃饭不要叫我了。志冬吃了一惊，也非常生气，多年的老朋友这算什么呢？何必当真。

不该发生的事在一对令人羡慕的朋友之间出现了，真让人感到遗憾。

因此，交友不要过从甚密，一则影响着双方的工作、学习和家庭，再则会影响感情的持久。交友应重在以心相交，来往有节。

林颖把王怡看成比一日三餐还重要的朋友，两人同在一个合资公司做公关小姐，由于工作纪律非常严格，交谈机会很少。但她们总能找到空闲时间聊上几句。

下班回到家，林颖的第一个任务就是给王怡打电话，一聊起来能达到饭不吃，觉不睡的地步，两家的父母都表示反对。

星期天，林颖总有理由把王怡叫出来，陪她去买菜、购物、逛公园。王怡每次也能勉强同意。林颖可不在乎这些，每次都兴高采烈，不玩一整天是不回家的。

王怡是个有想法的姑娘，她想在事业上有所发展，就打算利用业余时间学习电脑。星期天，王怡背起书包刚要出门，林颖打来电话要她陪自己去裁缝那里做衣服，王怡解释了大半天，林颖才同意王怡去上电脑班。可是王怡赶到培训班，已迟到了15分钟，王怡心里好大的不痛快。

第二个星期天，林颖说有人给她介绍了个男朋友，非逼着王怡一起去

相看相看，王怡说："不行，我得去学习。"林颖怕王怡偷偷溜走，大清早就赶到王怡家守着，那天王怡没上成电脑班。最终王怡郑重声明，以后星期天要学习，不再参加林颖的各种活动。

林颖一如既往，满不在乎，她认为好朋友就应该天天在一起。有时星期天照样来找王怡，王怡为此躲到亲戚家去住。这下林颖可不高兴了，她认为王怡是有意疏远她。林颖说："我很伤心，她是我生活中最重要的人，可她一点也觉察不到。"

林颖的错误在于，首先是她没有觉察到朋友的感觉和想法，过密过热的交往几乎剥夺了王怡的自由，使王怡的心情烦躁，不能合理地安排自己的生活。

之后，林颖不像以前那么热落了，与王怡聚会少了，可是她惊奇地发现，她们的友谊反而更加深厚了。

直率的人一般都待人热诚，所谓古道热肠；遇事正直，所谓胸怀坦荡。但为人处世要讲究方法，待人热诚当然是对的，但热情过度，往往造成主观愿望与客观效果相悖，因为太热情往往就过于主观。为此可能招致人家怨尤；因一时的热情而轻举妄动，或许还会铸成大错。遇事坦诚直率当然没错，但要看对方能否接受，不能因为自己直率妨碍了别人，甚至破坏了友谊。

无害人意，存防人心

【菜根原味】

害人之心不可有，防人之心不可无，此戒疏于虑也；宁受人之欺，勿逆人之诈，此警伤于察也。二语并存，精明而浑厚矣。

【古典今译】

不可存有害人的念头，也不可没有防人的心思，这是用来告诫那些思虑不周的人；宁可受到别人的欺负，也不预料别人的狡诈之心，这是用来警惕那些过分小心提防的人。能够做到这两点，便能够思虑精明且心地浑厚了。

【智慧解析】

害人之心不可有，防人之心不可无，这其实是辩证的。同样，可以不欺人，但不可不防人之诈，正反相成，才能使人精明、思虑周到、世事调和。这也是人情练达的表现。现实社会是复杂的，人不能在任何情况下都相信别人。虽然说人们不一定非得虚伪不可，但绝对应当有防人之心。

江苏的薛先生就曾被"朋友"狠狠地骗过。薛先生属于最早"下海"的那批人之一。胆大心细的他折腾了几年后，也开始有模有样地当起了大老板。薛先生最大的特点，就是性格直爽、坦率，注重感情，好交朋友。在朋友之间，薛先生素有"侠义"的美名。应朋友所求，薛先生一次拿出几千几万是经常的事。应该说，人们之间互相关心、互相帮助，是理所当然的，而薛先生也经常得到朋友的帮助。他想：事业之所以有了发展，和朋友的帮助是分不开的。所以，薛先生对朋友有很深的感情，有时会做出一些令人不可思议的事来。正是这一点，被他人所利用，从而，毁了薛先生的工厂，也毁了薛先生的事业。

2008年夏，薛先生的一位老客户，也是他的老哥们孙某找到他，提出要一批风扇。按惯例，薛先生历来坚持"一手交钱、一手交货"，但觉得孙某是老熟人、老哥们，如果拒绝又担心伤了老朋友的感情。考虑再三，最后薛先生答应了孙某的要求，一次发出价值46万元的风扇，孙某表示：风扇脱手，立即付款。薛先生十分热情地代办托运，最后又将孙某送上了火车。谁知孙某一去不复返，几个月后，薛先生才开始寻找孙某的下落，竟一无所获，这时，薛先生才如梦初醒。原来，这孙某就是一个专门以诈骗为业的骗子，他在取得了薛先生的信任之后轻而易举地骗得了价值46万元的货物，薛先生为此付出了惨重的代价。

毕竟家底深厚，这件事还未使薛先生伤元气，而另一件事却使他一败涂地。2010年10月，他的另一位老哥们、某商贸公司经理杜某找到他，表示公司正在运作一项利润巨大的大项目，但资金一时周转不开，请薛先生做担保，从银行贷款。薛先生本不情愿，但又怎么能不给老哥们面子呢？见薛先生有些犹豫，杜某便详细介绍了自己有多大多大的赢利把握，保证到时一定及时偿还贷款，薛先生所做的只不过是签个字、盖个章而已。薛先生终于决定帮老哥们一把，杜一次从银行贷款290万元。半年后，令薛先生想也不敢想的事情发生了，那家贷款的商贸公司因资不抵债而宣告破产，杜某携款逃跑，银行因无法收回贷款，向法院起诉了薛先生，结果薛先生又大大赔了一笔。

从此，薛先生一蹶不振，元气大伤，经营状况惨淡，连连亏损，终于，薛先生的工厂倒闭了。昔日腰缠万贯的薛先生背上了巨额债务。

虽说与人相处应以诚为本，但也需要留点心眼，大家必须意识到：有些人之所以愿意和你交往，很可能是因为你手中的钱；有些人可能和你是朋友，但如果受到利益的驱使，也很可能会欺骗你。薛先生的倒霉经历既不稀奇，也不罕见，现在社会上假借朋友关系，行骗、偷盗，甚至陷害的事数不胜数，手段之高，花样之多，实在令人防不胜防。

人都有自私的一面，利益交关时，谁都会为自己着想，所以无论对谁，还是有点防备才好。

施之不求，求之无功

【菜根原味】

施恩者，内不见己，外不见人，则斗粟可当万钟之惠；利物者，计己之施，责人之报，虽百镒难成一文之功。

【古典今译】

一个施恩惠于人的人，不应总将此事记挂在内心，也不应对外宣扬，那么即使是一斗粟的恩惠也可以得到万钟的回报；以财物帮助别人的人，总在计较对他人的施舍，而要求别人予以报答，那么即使是付出万两黄金，也难有一文钱的功德。

【智慧解析】

不愿承受感激别人的负担是人类的本性。所以不管你为别人做了什么，你都应该记住：如果你把这看成是你为自己做的事，你会快乐得多。你得忘记你做的这些事，因为受益人可能已经忘记了。这是一种心态，施恩别求回报。这样你的施才会有真正的回报。

隋朝李士谦把几千石粮食借给了同乡的人。刚巧这年粮食没有丰收，借粮的人家无法偿还。李士谦把所有的借粮人请来，摆下酒食招待他们，并当着他们的面把债券都烧了，说："债务了结了。"第二年粮食大丰收，借了粮食的人都争着来还债，李士谦一概拒绝不受。有人对他说："你积了很多阴德。"李士谦说："做了人们不知道的好事才叫阴德。而我现在的行为，都是你知道的。怎么算阴德呢？"

焚券了债，在历史上亦有所闻，战国时齐国的冯谖为孟尝君"市义"，笼络了人心，使孟尝君的根基稳固，大业遂成。

李士谦没有乘人之危，逼债逞狂，而是慈怜为本，以爱心示人，一焚券了债，二拒人还债，有恩于人不居恩自擂，确能得到人们的爱戴，他死后百姓恸哭不已就是证明。拔一毛而利天下可为，舍自产利他人亦可为，施者不寄望于厚报，然公道自在人心，他会得到无价的回报的。

人应有助人为乐的精神，助人并以之为乐就上升为一种高尚的道德情操。施恩惠于人而不求回报，"为善不欲人知"，是一种发自内心的真诚。所谓"有心为善虽善不赏，无心为恶虽恶不罚"，假如抱着沽名钓誉的心态来行善，即使已经行了善也不会得到任何回报，出于至诚的同情心付出的可能不多，受者却足可感到人间真情。所以，施之无所求，有所求反而会没有功效。

第六卷 福与祸

——福兮可以善取,祸兮可以恶招

才华横溢，谦逊自敛

【菜根原味】

澹泊之士，必为浓艳者所疑；检饰之人，多为放肆者所忌。君子处此，固不可少变其操履，亦不可太露其锋芒。

【古典今译】

志向淡泊的人，必定会受到那些热衷于名利的人的怀疑；生活俭朴谨慎的人，大多会被行为放荡的人所妒忌。一个坚守正道的君子，固然不应该因此而稍稍改变自己的节操，但是也不能够过于锋芒毕露。

【智慧解析】

嫉贤妒才，几乎是人的本性。愿意别人比自己强的人并不多。所以有才能的人会遭受更多的不幸和磨难。很多位居高官的人或者尸位素餐，或者"告老还乡"，主要就是收敛锋芒，以免成为众矢之的。

荀攸是曹操的一个谋士，他自谦避祸，很注意掩蔽锋芒。

荀攸自从受命担任军师之职以来，跟随曹操征战疆场，筹划军机，克敌制胜，立下了汗马功劳。平定河北后，曹操即进表汉献帝，对他的贡献给予很高的评价。公元207年，曹操发布《封功臣令》，对于有贡献之臣论功行赏，其中说道："忠止密谋，抚宁内外，文若是也，公达其次也。"

可见在曹营众多的谋臣之中，荀攸的地位仅次于荀彧，足见曹操对他的器重了。后来，荀攸转任中军师。曹操做魏公后，任命他为尚书令。

荀攸有着超人的智慧和谋略，不仅表现在政治斗争和军事斗争中，也表现在安身立业、处理人际关系等方面。他在朝二十余年，能够从容自如地处理政治漩涡中上下左右的复杂关系，在极其残酷的人事倾轧中，始终地位稳定，立于不败之地。三国时代，群雄并起，军阀割据，以臣谋主，盗用旗号的事情时有发生。更有一些奸佞小人，专靠搬弄是非而取宠于人。在这样风云变幻的政治舞台上，曹操固然以爱才著称，但作为封建统治阶级的铁腕人物，铲除功高盖主和略有离心倾向的人，却从不犹豫和手软。荀彧身为第一号谋臣，因为死保汉室而不支持曹操做魏公，一样忧病而亡，别人又当如何呢？荀攸则很注意将超人的智谋应用到防身固宠、确保个人安危的方面，正如史书所载"他深密有智防"。

那么，荀攸是如何处世安身的呢？曹操有一段话很形象也很精辟地反映了荀攸的这一特别的谋略："公达外愚内智，外怯内勇，外弱内强，不伐善，无施劳，智可及，愚不可及，虽颜子、宁武不能过也。"可见荀攸平时十分注意周围的环境，对内对外，对敌对己，迥然不同，判若两人。参与谋划军机，他智慧过人，妙策迭出，迎战敌军，他奋勇当先，不屈不挠。但他对曹操、对同僚，却注意不露锋芒、不争高下，把才能、智慧、功劳尽量掩藏起来，表现得总是很谦卑、文弱、愚钝、怯懦。作为曹操的重要谋士，为曹操"前后凡画奇策十二"，史家称赞他是"张良、陈平第二"。但他本人对自己的卓著功勋却是守口如瓶、讳莫如深，从不对他人说起。

荀攸大智若愚、随机应变的处世方略，虽有故意装"愚"卖"傻"之嫌，但效果却极佳。他与曹操相处二十年，关系融洽，深受宠信。从来不见有人到曹操处进谗言加害于他，也没有一处得罪过曹操，或使曹操不悦。建安十九年（公元214年），荀攸在从征孙权的途中善终而死。曹操知道后痛哭流涕，对他的品行，推崇备至，被曹操赞誉为谦虚的君子和完美的贤人，这都是荀攸以智谋而明哲保身的结果。

所谓"美酒饮至微醉后，好花看到半开时"。凡是鲜花盛开娇艳的时候，不是立即被人采摘而去，就是衰败的开始。所以做人，尤其是做一个有才华的人，一定要学会适当收敛自己的锋芒，不但要说服自己，战胜盲目的骄傲自大的病态心理，凡事不要太张狂太咄咄逼人，更要养成谦虚让人的美德。这样，才能既有效地保护自己，又能充分发挥自己的才华。

功高权重，不要得意

【菜根原味】

盖世的功劳，当不得一个"矜"字；弥天的罪过，当不得一个"悔"字。

【古典今译】

一个人即使立下了举世无双的汗马功劳，如果他恃功自傲、自以为是，他的功劳很快就会消失殆尽；一个人即使犯下了滔天大罪，却能够浪子回头改邪归正，那么他的罪过也会被他的悔悟所洗净。

第六卷　福与祸——福兮可以善取，祸兮可以恶招

【智慧解析】

一个人应该有自知之明，任何时候任何情况下都应摆正自己的位置，保持自谦上进的品质。即使是为国家建立大功，成为天下崇拜的英雄，假如自己产生自夸功勋的念头，把自己沉浸在一个荣誉的花环中，那他的大功不但会在自傲中丧失，说不定因此还会招来意外的祸患。

年羹尧是雍正的包衣奴才，进士出身，康熙时官拜四川巡抚，不足30岁便已成为封疆大吏。据说，年羹尧在拥立雍正登基一事上，建有大功。雍正荣登九五以后，授其军权，以平战乱。年羹尧在沙场上运筹帷幄，所向披靡，平西藏、定青海，立下赫赫战功。班师回朝时，雍正亲自相迎，加封其为抚远大将军、太保、一等公。

然而，年羹尧虽有平定西北之功，但论资历尚不足以与清初统兵的诸王平起平坐。但年羹尧志得意满，不禁得意忘形起来，竟想超越前大将军王胤禵的地位。按规矩，年羹尧与各省督抚的往来书信应使用咨文形式，以表示平等。但在年羹尧眼中，各省督抚俨然已经成为自己的下属，他在与各将军、督抚的通信中，一直使用令谕。

年羹尧进京面见雍正时，王公以下官员须跪迎，年羹尧坐轿而过，目不斜视。王公下马与年羹尧打招呼，年羹尧傲慢至极，只是微微点头示意。

年羹尧在送人东西时用"赐"，"受赐"者必须向北叩谢；年羹尧在接见各省官员时用"引见"；自己吃饭时称作"用膳"，请人吃饭时则叫"排宴"，这在礼法森严的封建王朝，俨然已属大逆不道之列。

即便是在雍正面前，年羹尧也狂态不减。一次，年羹尧编选一本《陆宜公奏议》，进呈雍正以后，雍正要为它写一篇序言。但还未待雍正写完，年羹尧便自行草拟一篇，请求雍正认可。很显然，这已经大大超越了君臣

之限，年羹尧"箕坐无人臣礼"，走的自是取祸之道。

雍正三年，雍正将年羹尧削官夺爵，定大罪九十二条，赐自尽。

年羹尧之死，自是咎由自取，他自恃功高，忘乎所以，不守臣道，不知限制，终得覆灭。

古往今来，领导者大多忌讳自己的属下功高盖主，掩盖自己的功绩，所以必欲"除"之而后快。然而在现实生活中，仍有一些人不知进退，一旦取得些许成绩，便得意忘形起来，却不知有多少双眼睛正在盯着自己，随时准备拉他下水。相信，你一定不想成为下一个年羹尧吧？

诚然，唯有员工在工作中能够取得成绩，企业才能够获得发展，这当然是员工们努力奋斗的结果。但是请不要忘记，如果没有领导提供的工作岗位和工作条件，你是无法做出成绩的。因此，在谈到员工的成绩和企业的发达时，就不能不强调领导的贡献和作用。

倘若你不谙此道，在领导面前不懂收敛，仗着有点功劳就不把任何人放在眼里，那么危险离你就不远了！是的，功高不是你的错，但时不时炫耀就是你的不对了。

因此，当你被上司提升或嘉奖的时候，如果你常常会自鸣得意，那你就要好好学一番涵养的功夫，把你那因升迁而引起的过度兴奋压下去，因为在你没有达到心中既定的伟大目标之前，中途的一些升迁，真可说是微乎其微的小事。也许你在实行一个计划时，一着手就大受他人夸奖，但你必须对他们的夸奖一笑置之，仍旧埋头苦干，直到隐藏在心目中的大目标完成为止。那时人家对你的惊叹，将远非起初的夸奖所能及。

可共患难，勿共安乐

【菜根原味】

当与人同过，不当与人同功，同功则相忌；可与人共患难，不可与人共安乐，安乐则相仇。

【古典今译】

应该有和别人共同承担过失的雅量，不可有和别人共同享受功劳的念头，共享功劳就会引起彼此的猜疑；应该有和别人共同渡过难关的胸怀，不可有和别人共同享受安乐的心思，共享安乐就会造成互相仇恨。

【智慧解析】

从古到今，能够同享安乐共受富贵的例子不多，倒是君臣猜忌、兄弟相煎、父子干戈的例子俯拾皆是。争杀的原因大都为富贵、安乐而相仇。想想人生在世，不过短短数十寒暑，争名夺利的结果，到头来也不过是黄土一堆而已。谁都知道这个道理，所谓"旧时王谢堂前燕，飞入寻常百姓家"，功名富贵恰似过眼云烟，偏偏是当局者迷，不到盖棺难以清醒。

相传越王勾践自从会稽解围之后，打算让范蠡主持国政，自己亲自去吴国屈事夫差。范蠡说："对于兵甲之事，文种不如我；至于镇抚国家、亲附百姓，我又不如文种。臣愿随大王同赴吴国。"勾践依议，委托文种暂理国政，自己携带妻子和大臣范蠡前往吴国。

在吴国，范蠡朝夕相伴，随时开导，并为之出谋划策。

越王勾践与范蠡等人在吴国拘役三年，终于勾践七年（公元前491年）回国。勾践问复兴越国之道，范蠡作了极其精辟的论述，其要义在于：尽人事、修政教、收地利。在这条方针指引下，越国渐渐富强起来，以后又开始了同吴国的争夺，越来越占据上风。

勾践二十四年（公元前473年），吴王夫差势穷力尽，退守于姑苏孤城，只得派公孙雄袒身跪行至越国军前，乞求罢兵言和。

不久，越军灭吴。勾践封夫差于甬东（会稽以东的海中小洲）一隅之地，使其君临百家，为衣食之费。夫差难受此辱，惭恨交加。于是以布蒙面，伏剑自杀。

灭吴之后，越王勾践与齐、晋等诸侯会盟于徐州（今山东滕县南）。当此之时，越军横行于江、淮，诸侯毕贺，号称霸王，成为春秋、战国之交争雄于天下的佼佼者。范蠡也因谋划大功，官封上将军。

灭吴之后，越国君臣设宴庆功。群臣皆乐，勾践却面无喜色。范蠡察此微末，立识大端。他想：越王勾践为争国土，不惜群臣之死；而今如愿以偿，便不想归功臣下。常言道：大名之下，难以久安。现已与越王深谋二十余年，既然功成事遂，不如趁此急流勇退。想到这里，他毅然向勾践告辞，请求隐退。

勾践面对此请，不由得浮想翩翩，迟迟说道："先生若留在我身边，我将与您共分越国，倘若不遵我言，则将身死名裂，妻子为戮！"政治头脑十分清醒的范蠡，对于宦海沉浮、世态炎凉，自然品味得格外透彻，明知"共分越国"纯系虚语，不敢对此心存奢望。他一语双关地说："君行其法，我行其意。"

事后，范蠡不辞而别，带领家眷与家奴，驾扁舟，泛东海，来到齐国。范蠡一身跳出了是非之地，又想到风雨同舟的同僚文种曾有知遇之恩，遂投书一封，劝说道："狡兔死，走狗烹，飞鸟尽，良弓藏。越王为人，长颈鸟喙，可与共患难，不可与共荣乐，先生何不速速出走？"

文种见书，如梦初醒，便假托有病，不复上朝理政。不料，樊笼业已备下，再不容他展翅起飞。不久，有人乘机诬告文种图谋作乱。勾践不问青红皂白，赐予文种一剑，说道："先生教我伐吴七术，我仅用其三就已灭吴，其四深藏先生胸中。先生请去追随先王，试行余法吧！"要他去向埋入荒冢的先王试法，分明就是赐死。再看越王所赐之剑，就是当年吴王命伍子胥自杀的"离镂"剑。文种至此，一腔孤愤难以言表，无可奈何，只得引剑自刎。

人为什么只在患难之中才会团结呢？在有过之时盼望别人的原谅，在病中、在弱小时盼望别人同情，可得势、强健时便忘乎所以。所以人生在世要勿争，争则陷入一种自寻的烦恼之中，不争则是与人相安的一种方式，而且欲成大事者若连世俗之利都看不透，何谈追求。

逃避名声，自身平安

【菜根原味】

矜名不若逃名趣，练事何如省事闲。

【古典今译】

炫耀自己的名声还不如逃避名声更有趣味，练达世事也不如减省一事来得悠闲自得。

【智慧解析】

倘若福祸的初始可以被觉察到，那么我们就可以提前预防，并在危险没有形成的时候就避开它。但这绝对是需要大智慧的。

战国末年秦始皇准备吞并楚国，完成他统一中国的大业，他召集大臣和将领们商议此事。

作战英勇的青年将领李信，在攻打燕国的时候，曾率数千秦军击溃了数万燕军，逼得燕王姬喜走投无路，只好杀了专与秦始皇作对的太子姬丹，向秦始皇谢罪求和。秦始皇想让李信做灭楚的秦军统帅，就问李信，攻灭楚国需要多少军队，气宇轩昂的李信不假思索地说："有大王的英明决策，挟秦军胜利之师的雄威，灭楚 20 万军队足矣。"

秦始皇听了，暗暗称赞李信果然是个少年英雄，有万丈豪气。因此

第六卷 福与祸——福兮可以善取，祸兮可以恶招

事关系重大，想再听听他人的意见。他目光掠过群臣，最后停在鬓眉皆白、身形已有些佝偻的老将王翦脸上，徐徐问道："王将军，你的意见呢？"

王翦久经沙场，身经百战，追随秦始皇多年，十分了解他的心性和为人，见秦始皇听了李信的话后面露喜色，就知道他有轻敌之心。但这等大事是不能阿谀讨好的，于是王翦神色凝重地对秦始皇说："大王，楚国原是个幅员数千里、军队数百万的大国，这些年来，楚国虽屡遭挫折，但一来其实力仍十分可观，二来楚人十分仇视秦国，楚军与秦军作战时，士卒凶悍不畏死。所以，仅20万人去攻打楚国是远远不够的。依臣之见，恐怕要……"王翦原想说20万人出兵必败无疑，但想到这不吉利的预言会触怒日渐骄狂的秦始皇，所以改口说："灭楚非60万大军不可。"

秦始皇听了，毫不掩饰自己对王翦见解的失望，冷冷地说："看来，王将军果真老矣，胆子怎么这样小？还是李将军有魄力，20万军队一定能够踏平楚境！"于是，秦始皇派李信率20万军队去攻打楚国。

王翦料定李信必败，秦始皇现在虽听不进他的意见，将来一定会采用。不过秦始皇现在既已认为自己老朽无能了，如果继续赖着不走，恐怕会被秦始皇随意找个罪名，加以罢斥，弄不好还会丢失性命。他马上告病辞官，回老家休养去了。面对自己的正确意见不能被采纳，老将王翦不是气愤不已，而是忍对他人的误解嘲笑，韬光养晦，不去计较。

果然不出王翦所料，李信带领20万秦军攻打楚国，被楚军连破二阵，李信率残部狼狈逃回秦国。

秦始皇盛怒之下，把李信革职查办。秦始皇毕竟是一代枭雄，他后悔当初自己轻率，随即下令备车驾，亲自去王翦的家乡，请王翦复出，带兵攻楚。

秦始皇见到王翦，恭恭敬敬地向王翦赔罪，说："上次是寡人错了，没听王将军的话，轻信李信，误了国家大事，为了一统天下的大业，务必请王将军抱病出山，出任灭楚大军的统帅。"

王翦并没有因秦始皇的赔罪而忘乎所以，他冷静地说："我身受大王的大恩，理应誓死相报，大王若要我带兵灭楚，那我仍然需要60万军队，楚国地广人众，他们可以很容易地组织起100万军队，秦军必须要有60万才能勉强应付。少于此数，我们的胜算就很小了。"

秦始皇连忙赔笑说："寡人现在是唯将军之计是从。"随后征集60万军队交给王翦指挥，出兵之日，秦始皇亲率文武百官到灞上为王翦摆酒送行。

饮了饯行酒后，王翦向秦始皇辞行。秦始皇见王翦唇齿翕动，似有话要说，赶忙问道："王将军心中有何事？不妨对寡人讲一讲。"王翦装出一副惶恐的样子说："请大王恩赐些良田、美宅与园林给臣下。"

秦始皇听了，有些好笑，说："王将军是寡人的肱股之臣，日下国家对将军依赖甚重，寡人富有四海，将军还担心贫穷吗？"

王翦却又分辩了几句："大王废除三代的裂土分封制度，臣等身为大王的将领，功劳再大，也不能封侯，所指望的只有大王的赏赐了。臣下已年老，不得不为子孙着想，所以希望大王能恩赐一些，作为子孙日后衣食的保障。"秦始皇哈哈大笑，满口答应："好说，好说，这是件很容易的事，王将军就此出征吧。"

自大军出发至抵秦国东部边境为止，王翦先后派回五批使者，向秦始皇要求：多多赏赐些良田给他的儿孙后辈。

王翦的部将们都认为他胸无大志，整天只想着替儿孙置办产业。面对众人的不理解，王翦说："你说得不对，我这样做是为了解除我们的后顾之忧。大王生性多疑，为了灭楚，他不得不把秦国全部的精锐部队都交给我，但他并没有对我深信不疑。一旦他产生了疑念，轻者，剥夺我的兵权，这将破坏了我们灭楚的大计；重者，不仅灭楚大计成为泡影，恐怕我和诸位的性命也将难保。所以，我不断向他要求赏赐，让他觉得，我绝无政治野心。因为一个贪求财物，一心想为子孙积聚良田美宅的人，是不会想到要去谋反叛乱的。"秦始皇果然因此而相信王翦没有异心，放心让他指挥60万大军，发动灭楚战争。仅用了一年多时间，王翦就攻下了楚国的最后一个都城寿春（今安徽寿县），俘虏了楚王熊负刍，兼并了秦国最大的对手楚国。

王翦为打消秦始皇的疑心，不惜自损其名，伸手向秦始皇要求赏赐，使部将以为他老昏了头，却使秦始皇更加深信他不会造反，从而全力支持他对楚作战，从而使王翦无后顾之忧，一举灭楚。

自古以来，为人臣子的对于君王来说就像一把双刃剑，用得好是杀敌防身的利器，用得不好就是夺权篡位的逆贼。所以君主对于战功、军权过大的臣子都免不了猜忌，有时候也难免要杀死有功之臣以防他谋位篡权。是故，那些名声大、功勋高的重臣大多如履薄冰，一不留心便会惹来杀身之祸。

伴君如伴虎，从古至今大抵如此。对于现代职场人而言，如何在施展才能的同时让上司安心地重用你，这是不得不学的功课。当然，或许我们没有必要像王翦一样自毁形象，但慎独慎微还是十分必要的。

心存忧患，才能持久

【菜根原味】

老来疾病，都是壮时招的；衰后罪孽，都是盛时造的。故持盈履满，君子尤兢兢焉。

【古典今译】

人在年老时患的疾病，都是在年轻时候不注意所招致的，人在失意以后还要遭受罪责，都是在得意时埋下的祸根。所以在拥有成功和圆满的生活时，一个正人君子不能不时时小心谨慎。

【智慧解析】

有道是："生于忧患，死于安乐。"凭一时的成绩，便以为可以高枕无忧，安于享乐，而毫无忧患之心，无异于自取灭亡。

唐朝末年，沙陀族首领李克用因帮助朝廷镇压黄巢起义，被封为陇西郡王，后来又封为晋王。在临终的时候，他交给儿子李存勖三支箭，说："梁王，是我的仇人；燕王，是我拥立的；契丹王耶律阿保机，与我曾相约为兄弟，但他们却都背叛了我去投靠梁王。我生前没能亲手杀了这三个人，是我最大的遗憾。现在交给你三支箭，你不要忘了我的大仇。"

第六卷　福与祸——福兮可以善取，祸兮可以恶招

李克用死后，李存勖继任为晋王。他把这三支箭供奉在家庙中，发誓要报仇。

李克用病死前一年，梁王朱温已经篡唐称帝。在当时的割据势力中，梁地广兵多，据有今河南、山东两省和陕西、山西、河北、宁夏、湖北、安徽、江苏等省各一部分。

燕王指刘仁恭和他的儿子刘守光。刘仁恭任卢龙军节度使，是经李克用推荐而被唐王朝任命的。但刘仁恭后来却恩将仇报，袭败李克用军向梁讨好。李克用病死这一年（公元907年），刘守光囚禁了他父亲，自称卢龙军节度使，四年后又自称大燕皇帝。

李存勖继任后，一心念着父亲的遗嘱，觉得自己的实力还弱，于是养精蓄锐。一方面，他下令所属各州县推举贤才，一方面黜退贪残，宽免租税，抚恤孤寡，昭雪冤案，查禁奸盗。过了不久，境内大治，不几年的工夫，民富国强，上下一心。

公元913年11月，李存勖出兵攻燕，擒获了刘仁恭父子。10年之后，即公元923年，李存勖登基为皇帝，建国号为唐。同年出兵进攻梁。这时朱温已死，梁国皇帝是他的儿子朱友贞。朱友贞抵挡不住唐军的攻势而自杀。三个仇家刚收拾了两个，他却不可一世起来，开始花天酒地，打猎游玩，不然就与戏子们混在一起，亲自粉墨登场，国事家仇都抛到了脑后。戏子郭门高任亲军指挥使，部下有人作乱，事发被诛。李存勖说这是受了郭门高的指使，这使郭极为害怕，便趁李存勖的养子李嗣源造反的机会，率领部下攻入宫中，把李存勖射死了。欧阳修在《伶官传》中写道："故方其盛也，举天下豪杰，莫能与之争；及其衰也，数十伶人困之而身死国灭，为天下笑。"

因为壮大，往往滋生自负、自满的情绪。危险往往潜藏在人们的自满中，在人们懈怠的那一刻突然出现。无论现状有多好，我们时时都要具有忧患意识。只有居安思危，做好迎战噩运到来的思想准备，才能使"盈满"的状态保持长久，一旦危机来临，也不致措手不及。

21世纪，没有危机感就是最大的危机。你想一成不变，可这个世界一直在变，并且它不会因为你的停顿而停滞不前。大形势要求我们必须做出改变：要么在折腾中爆发，要么在沉默中死亡。

看看那些身经百战的企业家是怎么说的：

微软的比尔·盖茨说："微软离破产永远只有18个月。"

海尔的张瑞敏总是感觉："每天的心情都是如履薄冰，如临深渊。"

联想的柳传志一直认为："你一打盹，对手的机会就来了。"

百度的李彦宏一再强调："别看我们现在是第一，如果你30天停止工作，这个公司就完了。"

别以为那都是企业家们的事情，事实上你的生活一样危险。在这个不断更新的社会中，一个人的成长过程就像是学滑雪一样，稍不留心就会摔进万丈深渊，只有具备忧患意识的人才能幸存。

君子无祸，勿罪冥冥

【菜根原味】

肝受病，则目不能视；肾受病，则耳不能听。病受于人所不见，必发于人所共见。故君子欲无得罪于昭昭，先无得罪于冥冥。

【古典今译】

肝脏有了疾病，那么就会出现眼睛看不见的症状；肾脏发生毛病，那么就会出现耳朵听不见的症状。病症发生在人看不见的地方，可是表现出来一定是人看得见的症状。所以正人君子要想在明处不表现出过错，那么就要先在不易察觉的细微之处不犯过错。

【智慧解析】

古人说"千里之堤，溃于蚁穴"，如果对小的贪欲不能及时自觉并且有效地修正，终将因为无底的私欲酿成灾难，小则身败名裂，大则招致亡国。我们要时刻依照好的准则来检点自身的言行和思想，从善如流，否则等出现不良后果再深深痛悔都已太晚！成语"防微杜渐"，便是劝人勿以"微"为轻，故而随意开始，勿忽略"渐"而使积重难返。这尘世间多少麻烦、多少纠缠、多少烦恼甚至是不幸，都是从"微""渐"而来。所以，请务必戒之！慎之！

有个非常有名的寓言故事，名叫"象牙筷子"，也非常有意思。

商纣王刚登上王位时，命令工匠用象牙为他制作筷子，他的叔父箕子十分担忧。因为他认为，一旦使用了稀有昂贵的象牙作筷子，与之相配套的杯盘碗盏就会换成用犀牛角、美玉石打磨出的精美器皿。餐具一旦换成了象牙筷子和玉石盘碗，就会千方百计地追求享用山珍美味了。在尽情享用美味佳肴之时，就一定不会再去穿粗布缝制的衣裳，住在低矮潮湿的茅屋下，而必然会换成一套又一套的绫罗绸缎，住进高堂广厦。

箕子害怕如此演变下去，必定会带来一个悲惨的结局。所以，他从纣王一开始制作象牙筷子起，就感到莫名的恐惧。事情的发展果然不出箕子所料。仅仅只过了五年光景，纣王就变得穷奢极欲、荒淫无度。他的王宫内，挂满了各种各样的兽肉，多得像一片肉林；厨房内添置了专门用来烤肉的铜烙；后园内酿酒后剩下的酒糟堆积如山，而盛放美酒的酒池竟大得可以划船。纣王的腐败行径苦了老百姓，更将一个国家搞得乌七八糟，最后终于被周武王剿灭而亡。

人之善恶不分轻重。一点善是善，只要做了，就能给人以温暖。一点恶是恶，只要做了，也能给人以损害。而最重要的是对自己的道德品质的影响。所以，生活中的我们须谨言慎行。从一点一滴之间要求自己，做到为善。只有这样，我们才不至于在人生的沟沟坎坎中马失前蹄，断送我们本该美好的前途。

对待小人，难于不恶

【菜根原味】

待小人，不难于严，而难于不恶；待君子，不难于恭，而难于有礼。

【古典今译】

对待心术不正的小人，要做到对他们严厉苛刻并不难，难的是不去憎恶他们；对待品德高尚的君子，要做到对他们恭敬并不难，难的是遵循适当的礼节。

【智慧解析】

古话说得好："宠辱不惊，闲看庭前花开花落；去留无意，漫随天外云卷云舒。"人生于世，理应力求达到这种境界，一如平静的海面，任腹内波涛汹涌，表面也要波澜不惊。当得意之时，不要得意忘形，乐极生悲；失意之时亦不能就此消沉，一蹶不振。如此，方可排除外界的干扰，专心向着自己的目标前进，如此，方能在激流涌动的复杂关系中如鱼得水，永保平安。

郭子仪因平定安史之乱而立下大功，爵封汾阳王，王府建在首都长安的亲仁里。汾阳王府自落成后，每天都是府门大开，任凭人们自由进进出出，而郭子仪不允许其府中的人对此予以干涉。

有一天，郭子仪帐下的一名将官要调到外地任职，来王府辞行。他知道郭子仪府中百无禁忌，就一直走进了内宅。恰巧，他看见郭子仪的夫人和他的爱女正在梳妆打扮，而王爷郭子仪正在一旁侍奉她们，她们一会儿要王爷递毛巾，一会儿要他去端水，使唤王爷就好像奴仆一样。这位将官当时不敢讥笑郭子仪，回家后，他禁不住讲给他的家人听，于是一传十，十传百，没几天，整个京城的人都把这件事当成笑话来谈论。郭子仪听了倒没有什么，他的几个儿子听了却觉得大丢王爷的面子，他们决定对父亲提出建议。

他们相约一起来找父亲，要他下令，像别的王府一样，关起大门，不让闲杂人等出入。郭子仪听了哈哈一笑，几个儿子哭着跪下来求他，一个儿子说："父王您功业显赫，普天下的人都尊敬您，可是您自己却不尊重自己，不管什么人，您都让他们随意进入内宅。孩儿们认为，即使商朝的贤相伊尹、汉朝的大将霍光也无法做到您这样。"

郭子仪听了这些话，收敛了笑容，对他的儿子们语重心长地说："我敞开府门，任人进出，不是为了追求浮名虚誉，而是为了自保，为了保全我们全家人的性命。"

儿子们感到十分惊讶，忙问其中的道理。

郭子仪叹了一口气，说道："你们光看到郭家显赫的声势，而没有看到这声势有丧失的危险。我爵封汾阳王，往前走，再没有更大的富贵可求了。月盈而蚀，盛极而衰，这是必然的道理。所以，人们常说要急流勇退。可是眼下朝廷尚要用我，怎肯让我归隐，再说，即使归隐，也找不到一块能够容纳我郭府一千余口人的隐居地呀。可以说，我现在是进不得也退不得。在这种情况下，如果我们紧闭大门，不与外面来往，只要有一个人与我郭家结下仇怨，诬陷我们对朝廷怀有二心，就必然会有落井下石、

第六卷　福与祸——福兮可以善取，祸兮可以恶招

妨贤害能的小人从中添油加醋，制造冤案，那时，我们郭家的九族老小都要死无葬身之地了。"几个儿子听了，都拜倒在地，佩服父亲的思虑之周详。

唐德宗时，宠臣卢杞前来拜访郭子仪，郭子仪连忙屏退众姬妾，自己则正襟危坐，小心接待。卢杞离开以后，家人不明所以，郭子仪解释道："卢杞这个人，相貌丑陋，而且心胸狭隘，满腹险恶，倘若姬妾见到他，必然会忍俊不禁，而卢杞则定然怀恨在心，有朝一日他大权在握，那么我们郭家就要大祸临头了。"后来，卢杞成为当朝宰相，"小忤已，不致死地不止"，与郭子仪说得一般无二，一场大祸就这样被郭子仪消弭于无形。

君子不畏流言不畏攻讦，因为他问心无愧。小人被你揭露了他的真面目，为了自保，为了掩饰，他是会对你展开反击的。也许你不怕他们的反击，也许他们也奈何不了你，但你要知道，小人之所以为小人，是因为他们始终在暗处，用的始终是不法的手段，而且不会轻易罢手。别说你不怕他们对你的攻击，看看历史的血迹吧，有几个忠臣抵挡得过奸臣的陷害？

所以，还是不同小人一般见识为好，内方外圆地和他们保持距离，小人毕竟不是敌人，不必过于刚直，疾恶如仇地和他们划清界线，他们也是需要自尊和面子的。

居安思危，天也无法

【菜根原味】

天之机缄不测，抑而伸，伸而抑，皆是播弄英雄，颠倒豪杰处。君子只是逆来顺受，居安思危，天亦无所用其伎俩矣。

【古典今译】

上天的变化不可把握，有时先让人陷入困境，然后再进入顺境，有时又让人先得意而后失意。不论是处于何种境地，都是上天有意在捉弄那些自命不凡的所谓英雄豪杰。因此，一个真正的君子，如果能够坚忍地度过外来的困厄和挫折，平安之时不忘危难，那么就连上天对他也没有办法了。

【智慧解析】

在 21 世纪，没有危机感就是最大的危机。你想一成不变，可这个世界一直在变，并且它不会因为你的停顿而停滞不前。

看看那些身经百战的企业家是怎么说的：

微软的比尔·盖茨说："微软离破产永远只有 18 个月。"

海尔的张瑞敏总是感觉："每天的心情都是如履薄冰，如临深渊。"

联想的柳传志一直认为："你一打盹，对手的机会就来了。"

百度的李彦宏一再强调："别看我们现在是第一，如果你30天停止工作，这个公司就完了。"

别以为那都是企业家们的事情，事实上你的生活一样危险。在这个不断更新的社会中，一个人的成长过程就像是学滑雪一样，稍不留心就会摔倒，只有居安思危者才能幸存。

吴悠曾在一家企业担任行政总监，而如今却是一名待业者。在他成为公司的行政总监之前，他非常卖命地工作，并且不断地学习和提升自己。他在行政管理上的才华很快得到了老板的肯定，工作3年之后他被提拔为行政主管，5年之后他就升到了行政总监的位置上，成了全公司最年轻的高层管理人员。

升职以后，吴悠拿着高薪，开着公司配备的专车，住着公司购买的华宅，在生活品质得到极大提升的同时，他的工作热情却一落千丈。他开始经常迟到，只为睡到自然醒；他也开始经常请假，只为给自己放个假；他把所有的工作都推给助手去做。当朋友们劝他应该好好工作的时候，他却说："不需要那么拼了，坐到这个位置已经是我的极限了，我又不可能当上老总，何必让自己那么辛苦？"

这时的他俨然把更多精力放在了享乐上。就这样，他在行政总监的位置上坐了差不多2年的时间，却没有一点拿得出手的成绩，又有朋友提醒他："应该上进一点了，没有业绩是很危险的。"

没想到，他却不以为然："我是公司的功臣，公司离不了我，老板不会卸磨杀驴！"

的确，公司很多工作确实离不开他。然而，他的消极怠工最终还是让老板动了换人的念头。终于有一天，当他开着车像往日一样来到公司，优越感十足地迈着方步踱进办公室时，他看到了一份辞退通知书。吴悠就这样被自己的不思进取淘汰掉了。

人常说"知足是福",的确,知足的人生会让我们体会到什么是美好,会让我们知道什么东西才值得去珍惜;但不满足也会告诉我们,其实我们还可以做得更好,我们还可以更进一步。所以,人生要学会知足,但不要轻易满足。

人不能一直停留在舒适而具有危险性的现状之中,要懂得居安思危,使自己保持进取的斗志,保持人生开放的胆量。记住,当你停下前进的脚步时,整个世界并没有和你一起停下,你周围的人仍在不停地前进着。

急流勇退,功德圆满

【菜根原味】

谢事当谢于正盛之时,居身宜居于独后之地。

【古典今译】

急流勇退应当在事业正处于巅峰的时候,这样才能使自己有一个完满的结局,而处身则应在清静、不与人争先的地方,这样才可能真正地修身养性。

【智慧解析】

对于名利权势,不同的人态度不同。有的人很明智,知道权势不一定

第六卷 福与祸——福兮可以善取，祸兮可以恶招

能够给人带来幸福，所以不去争权夺势，而是按捺住自己对权利的渴望，在事业成功时全身而退。

西汉张良，字子房，小时候在下邳游历，在破桥上遇到黄石公，替他穿鞋，因而从黄石公那儿得到一本书，是《太公兵法》。后来追随汉高祖，平定天下后，汉高祖封他为留侯。张良说道："凭一张利嘴成为皇帝的军师，并且被封了万户子民，位居列侯之中，这是平民百姓最大的荣耀，在我张良是很满足了。愿意放弃人世间的纠纷，跟随赤松子去云游。"司马迁评价他说："张良这个人通达事理，把功名等同于身外之物，不看重荣华富贵。"

张良的祖先是韩国人，祖父和父亲曾是韩国宰相。韩国被秦灭后，张良力图复国，曾说服项梁立韩王成。后来韩王成被项羽所杀，张良复国无望，重归刘邦。楚汉战争中，张良多次计出良谋，使刘邦险中转胜。鸿门宴中，张良以过人的智慧，保护刘邦安全地脱离险境。刘邦采纳张良不分封割地的主张，阻止了天下再次分裂。与项羽和约划分楚河汉界后，刘邦意欲进入关中休整军队，张良认为应不失时机地对项羽发动攻击。最后与韩信等在垓下全歼项羽楚军，打下汉室江山。

公元前201年，刘邦江山坐定，册封功臣。萧何安邦定国，功高盖世，列侯中所享封邑最多。其次是张良，封给张良齐地三万户，张良不受，推辞说："当初我在下邳起兵，同皇上在留县会合，这是上天有意把我交给您使用。皇上对我的计策能够采纳，我感到十分荣幸，我希望封留县就够了，不敢接受齐地三万户。"张良选择的留县，最多不过万户，而且还没有齐地富饶。

张良回到封地留县后，潜心读书，搜集整理了大量的军事著作，为当时的军事发展，作出了重要的贡献。

急流勇退是功德圆满的一种方式，知道这个道理的人不少，自觉做到这一点的人却不多。一个大人物要想使自己的英名永垂不朽，必须在自己事业的巅峰阶段勇于退下来。做事业需要意志，退下来同样需要意志。任何事都存在物极必反的道理，随着事业环境的变化，以及人自身能力的限制，自身作用的发挥必然随之而变。江山代有才人出，并不是官越大，能力越强；权越大，功绩越丰。不论大人物、小人物，作用发挥到一定程度就要知进退。退不表明失败，主动退正是人能自控、善于调整自己的明智之举。

知退一步，须让三分

【菜根原味】

人情反覆，世路崎岖。行不去，须知退一步之法；行得去，务加让三分之功。

【古典今译】

人间世情变幻不定，人生之路曲折艰难，充满坎坷。在人生之路走不通的地方，要知道退让一步、让人先行的道理；在走得过去的地方，也一定要给予人家三分的便利，这样才能逢凶化吉，一帆风顺。

第六卷 福与祸——福兮可以善取，祸兮可以恶招

【智慧解析】

世间的很多悲剧，都是因一时冲动所致。倘若我们能将心放宽一些，遇事时、与人交恶时，压制住自己的浮躁，考虑一下事情的前前后后以及由此可能造成的后果，且咽下一口气，留一步与人走，人与人之间的关系就会变得和谐许多。

明朝年间，有一位姓尤的老翁开了个当铺，好多年了，生意一直不错。某年年关将近，有一天尤翁忽然听见铺堂上人声嘈杂，走出来一看，原来是站柜台的伙计同一个邻居吵了起来。伙计连忙上前对尤翁说："这人前些时典当了些东西，今天空手来取典当之物，不给就破口大骂，一点道理都不讲。"那人见了尤翁，仍然骂骂咧咧，不认情面。尤翁却笑脸相迎，好言好语地对他说："我晓得你的意思，不过是为了度过年关。街坊邻居，区区小事，还用得着争吵吗？"于是叫伙计找出他典当的东西，共有四五件。尤翁指着棉袄说："这是过冬不可少的衣服。"又指着长袍说，"这件给你拜年用。其他东西现在不急用，不如暂放这里，棉袄、长袍先拿回去穿吧！"

那人拿了两件衣服，一声不响地走了。当天夜里，他竟突然死在另一人家里。为此，死者的亲属同那人打了一年多官司，害得别人花了不少冤枉钱。

原来这个邻人欠了人家很多债，无法偿还，走投无路，事先已经服毒，知道尤家殷实，想用死来敲诈一笔钱财，结果只得了两件衣服。他只好到另一家去扯皮，那家人不肯相让，结果就死在那里了。

后来有人问尤翁说："你怎么能有先见之明，容忍这种人呢？"尤翁回答说："凡是蛮横无理来挑衅的人，他一定是有所恃而来的。如果在小事上不稍加退让，那么灾祸就可能接踵而至。"人们听了这一席话，无不佩

203

服尤翁的见识。

中国有句格言："忍一时风平浪静，退一步海阔天空。"不少人将它抄下来贴在墙上，奉为处世的座右铭。这句话与当今商品经济下的竞争观念似乎不大合拍，事实上，"争"与"让"并非总是不相容，反倒经常互补。在生意场上也好，在外交场合也好，在个人之间、集团之间，也不是一个劲"争"到底，退让、妥协、牺牲有时也很有必要。对于个人修养和处世之道而言，让则不仅是一种美好的德性，而且也是一种宝贵的智慧。

第七卷 苦与乐

——心若晴则苦也乐,心若雨则乐也苦

人生福祸，念想造成

【菜根原味】

人生祸区福境，皆念想造成。故释氏云：利欲炽然，即是火坑；贪爱沉溺，便为苦海；一念清净，烈焰成池。一念惊觉，航登彼岸。念头稍异，境界顿殊。

【古典今译】

人生所遇到的灾祸与幸福的境界，都由人的念想造成。所以，佛祖说：利欲炽热，便会陷入火坑；爱欲强烈，便会坠入苦海。一念清净，炽热的烈焰也会成为一池清水；一念惊觉，便可渡过茫茫苦海，到达快乐的彼岸。念头稍有不同，所处的境界就会顿时改变。

【智慧解析】

心静，是人生的一种境界，亦是一种智慧、一种思考，更是人生成功的基本要素。若想做到心静，就必须具备一种豁达自信的素质，具备一份恬然和难得的悟性。

印度著名诗人泰戈尔曾经说过：鸟儿的翅膀一旦缚上金子，它就再也不能直冲云霄了。这个纷纷扰扰的大千世界处处充斥着诱惑，一个不留神，就会在我们心中激起波澜，致使原本纯净、澄清、宁静的心灵泛起喧哗和浮躁，我们就会在人生的道路上迷失方向。正所谓"心宁则智生，智

第七卷 苦与乐——心若晴则苦也乐，心若雨则乐也苦

生则事成"，平心静气，心无杂念才是我们成功的关键所在。

某人祖辈以卖肉为生，至他时已传承三代，在 30 年的卖肉生涯中，他练就了"一刀准"的绝技。他在卖肉时，身旁虽放有一台电子秤，但却很少用到。有人买肉，只要说出斤两，他便笑眯眯地点点头，说声"好嘞！"手起刀落，再用刀尖轻轻一挑，肉在空中划过一道弧线，便稳稳地落在张开的塑料袋中，然后自信地说一声："保证分毫不差，少一两，赔一斤！"有人不信邪，将肉放在电子秤上一称，果然是分毫不差。

这一年，当地电视台举办"绝技挑战大赛"。于是便有人劝他："你那'一刀准'绝对称得上是绝技，如果你去参赛，捧个头奖准不成问题。"他心动了，依言去报了名。

比赛那天，主持人宣布："现在请某师傅给我一刀切 2 斤 7 两肉，要一两不多，一两不少。如果切准了，那 2 万元奖金就属于您了！"该人闻言点了点头，小心翼翼地拿起切刀，但他左比画右比画，却迟迟不敢下手，额头上甚至还渗出了细细的汗珠。过了片刻，在主持人的一再催促之下，他咬紧牙，一刀切了下去。而后放在电子秤上一称——2 斤 8 两半，整整多出 1 两半……

原本精湛无双的刀艺，为何会在这一刻失准呢？很明显，就是那 2 万元奖金扰乱了他的心神，从而使他无法发挥出自己真正的水平。

三国传奇人物诸葛亮在临终前写下了《诫子书》，他在书中告诫自己的儿子诸葛瞻："学须静也，才须学也。非学无以广才，非志无以成学。"在诸葛亮看来，心不静则必然理不清，理不清则必然事不明，人一旦心乱，就会失去理智，陷入迷茫。相反，人心若能进入"静"的境界，就会豁然开朗，人生便多了一些祥和，少了一些纷争；多了一些福祉，少了一些灾祸。

我们做人，唯有高树理想与追求，淡看名利与享受，才能处身于浮华

尘世而独守心灵的一方净土；才能坦然面对世间种种诱惑而心平如镜不泛一丝波澜。须知，唯有保持心的清静，我们才能书写一段精彩的人生。

世事缠绕，皆因物役

【菜根原味】

以我转物者，得固不喜，失亦不忧，大地尽属逍遥；以物役我者，逆固生憎，顺亦生爱，一毫便生缠缚。

【古典今译】

以我为中心来操纵一切事物的人，成功了固然不觉得高兴，失败了也不至于忧愁，因为广阔无边的大地到处都可自在地悠游；以物为中心而被物欲奴役的人，遭遇逆境时心中就会自然产生怨恨，处于顺境时却又会产生恋栈之心，鸡毛蒜皮的小事也会使身心受到困扰。

【智慧解析】

《孔子家语》里记载：有一天楚王出游，遗失了他的弓，下面的人要找，楚王说："不必了，我掉的弓，我的人民会捡到，反正都是楚国人得到，又何必去找呢？"孔子听到这件事，感慨地说："可惜楚王的心还是不够大啊！为什么不讲人掉了弓，自然有人捡得，又何必计较是不是楚国人呢？"

"人遗弓，人得之"应该是对得失最豁达的看法了。就常情而言，人

第七卷 苦与乐——心若晴则苦也乐，心若雨则乐也苦

们在得到一些利益的时候，大都喜不自胜，得意之色溢于言表；而在失去一些利益的时候，自然会沮丧懊恼，心中愤愤不平，失意之色流露于外。但是对于那些志趣高雅的人来说，他们在生活中能"不以物喜，不以己悲"，并不把个人的得失放在心上。他们面对得失心平气和、冷静以待，超越了物质，超越了世俗，千百年来，令多少人"高山仰止，心向往之"。

唐代太守李翱听说药山禅师的大名，就想见一见他的庐山真面目。李翱四处寻访、跋山涉水，终于在一棵松树下见到了药山禅师。

李翱恭恭敬敬地提出自己的问题，没想到药山禅师眼睛没有离开手中的经卷，对他总是不理不睬。位高权重的李翱怎么能够忍受这种怠慢，于是打算拂袖而去："见面不如闻名。"这时药山禅师不紧不慢地开口了："为什么你相信别人的传说而不相信自己的眼睛呢？"

李翱悚然回头，拜问："请问什么是最根本的道理？"

药山禅师指一指天，再指一指地，然后问李翱："明白了吗？"

李翱老实回答："不明白。"

药山禅师提示他："云在青天水在瓶。"

李翱此刻才明白，激动之下写道："练得身形似鹤形，千株松下两函经。我来问道无余说，云在青天水在瓶！"

药山禅师实际上是提示李翱，只要保持像白云一样自如自在的境界，何处不能自由，何处不是解脱？然而，在这个日益繁杂的社会中，大多数人都显得焦躁不安、迷失了快乐。唯一可以改变这种状态的办法便是保持内心的空明，于静处细心体味生活的点滴，让生活还原本色。

在修身做人的功夫上，《大学》也有着精辟的论说："所谓修身在正其心者……有所好乐，则不得其正；有所忧患，则不得其正。心不在焉，视而不见，听而不闻，食而不知其味。此谓修身在正其心。"面对"物"的诱惑，心有好乐，身心就不能得其正。所以面对车、房等物的诱惑，心不

在焉，视而不见，听而不闻，其能奈我何！做自己的主人，才是真正的自由自在。可惜很多人没能做到这点。

洁自污出，明从晦生

【菜根原味】

粪虫至秽变为蝉，而饮露于秋风；腐草无光化为萤，而耀采于夏月。因知洁常自污出，明每从暗生也。

【古典今译】

在粪土中生活的幼虫是最为肮脏的东西，可是它一旦蜕变成蝉后，却在秋风中汲饮洁净的露水；腐败的草堆本身不会发出光彩，可是它孕育出的萤火虫却在夏夜里闪耀出点点萤光。从这些自然现象中可以悟出一个道理，那就是洁净的东西常常是从污秽之中诞生，而光明的东西也常常从晦暗中孕育。

【智慧解析】

世间事往往物极必反，生活环境越好越容易使人腐化堕落。人性也跟物性相同，越是温暖的地方，东西越容易腐臭，寒冷的地方却能使东西保持长久新鲜。人在清苦的环境中，最容易激发斗志，古今中外很多伟人，都是从他们青少年时代的艰苦环境中奋斗成功的。由此观之，环境的清洁与污秽是相对的，清洁中未必没有腐物，污秽中未必不出有益的东西。所

第七卷 苦与乐——心若晴则苦也乐，心若雨则乐也苦

处环境对人的成长的制约也是相对的。

有一个小女孩，她的父亲做苦力，母亲做帮佣，全家只能勉强维持生存，所以一出生，她就掉进了苦难里。

后来，她随父母移居到非洲的津巴布韦，在那里上了学。在本应无忧无虑的年纪，她再一次陷入了灾难——她得了眼疾，整个世界都是模糊的，那一年她小学还没毕业。母亲带着她离开校园时，她恋恋不舍地几次回头，却再也看不清曾经熟悉的老师和同学。

她很绝望，在模糊灰暗的世界里彷徨挣扎，她的心里充满了孤寂与痛苦。为了安抚她的情绪，母亲每天工作回来，都会给她讲一些自己的所见所闻。她一个人在家的时候就把这些听闻编成故事，待父母回来讲给他们听，而她的父母，竟常常被感动得泪流满面。

16岁时，命运微转，她的视力逐渐恢复正常。为了帮助养家，她开始四处寻找工作，最后，去了一个有钱人家当保姆照顾小孩。这个孩子很顽皮，为了使他安静下来，她就编各种各样的故事讲给他听。有一天，那孩子的父亲听到了她讲的故事，这位学识渊博的男主人忍不住问道："你讲的故事非常精彩，是在哪本书里看到的？"她扭扭捏捏地说是自己编的。男主人惊讶地对她说："你应该把这些故事都记录下来，说不定你可以成为作家呢。"而她，只当作这是玩笑话，她当时面临的最大问题是如何更好地生存下去。

20岁，她结婚，随后便有了孩子。她想，以后应该可以幸福地生活了吧。谁承想，婚姻成了她生命中的又一个灾难。那个她认为值得依靠的男人，在婚后第三年卷走家里的钱无影无踪了，只给她留下三个嗷嗷待哺的幼子。她的生活再一次崩塌，她不知道自己的未来该如何是好。为了排遣苦闷，她又开始提起笔来写被自己称为故事的小说。写小说，成了可以让她逃避现实、排遣痛苦的方式。

31岁时,望着瘦骨嶙峋的孩子,她作出了一个大胆的决定:离开贫困的津巴布韦,去外面的世界找出路。她带着孩子一路辗转来到英国,下船时已经囊空如洗,背包中只剩下一部反映非洲生活的小说草稿。

看着饿得头晕眼花的孩子,她那颗母亲的心如同刀割。她赌博似的拿着那篇草稿去出版社碰运气,结果处处碰壁,受尽白眼和奚落。没人相信,一个来自非洲的流浪女人可以写出值得一读的小说。但她无路可走,她连放弃的资格都没有,这是她和孩子能够生存下去的唯一机会。她用了半个月时间,敲遍了伦敦所有出版社的大门,最后终于有一家出版社同意以《野草在歌唱》为题出版她的小说。

别说别人,甚至连她自己都没想到,这部非洲题材的小说出版以后竟备受读者追捧,整个伦敦出版界在一夜之间认识了这位带着三个孩子的年轻母亲。

这突如其来的成功,让她找到了人生的希望和方向,她相信凭借手中的笔自己可以写出精彩的人生。她继续创作着,童年以来的苦难与坎坷经历,都成了她创作的素材。她用17年的时间,创作发表了《暴力的孩子们》《金色笔记》等多部长篇小说。她的作品越来越受到人们的关注。但与此同时,一些诋毁和攻击也如潮水般袭来,有人指责她的小说思维狭隘,有人说她的小说思想偏激,有人干脆说那是垃圾。她充耳不闻,继续自己的创作。她坚信,总有一天人们会理解自己的那些故事,并喜欢这些故事。

时光荏苒,她由少妇变成了老妇,又由老妇熬成老妪。有一天,她去超市购物回来,发现自家门口挤满了带着摄像机的人。她好奇地问他们:"你们是要在这里拍外景剧吗?"这些人告诉她:"你获得了诺贝尔文学奖!"她听了后,一脸平淡,宠辱不惊,而人们则呼喊着她的名字:多丽丝·莱辛。

所有的苦难都是暂时的,只要你愿意,结果可以是辉煌的,人生无论经历多少苦难，只要你愿意，都终将完美涅槃。

对一个想要有所作为的人来讲，应具备这样一种认识：环境不是有作为的决定条件，不能因此自艾自怨而自卑，而要想方设法去改变命运的安排。生活在恶劣的环境里，如果是自然环境，需要自己勇于克服困难，战胜环境的艰险；如果是社会环境，不能因此而同流合污而堕落。一个人不必为了环境不好而苦恼，关键是要自强、自尊、自爱、自律才有可能实现自我。

处进思退，得手图放

【菜根原味】

延促由于一念，宽窄系之寸心。故机闲者，一日遥于千古；意广者，斗室宽若两间。

【古典今译】

漫长和短促是由于主观感受，宽和窄是由于心理体验。所以对心灵闲适的人来说一天比千古还长，对胸襟开阔的人来说一间斗室也无比宽广。

【智慧解析】

立身唯谨，避嫌疑，远祸端。凡事预留退路，未思进，先思退。满则自损，贵则自抑，才能善保其身。

西汉武帝时期，卫青征讨匈奴的一系列战斗所取得的辉煌战果，显示出了他杰出的军事才干和吃苦耐劳、勇敢无畏的品质；应该说，在开始时汉军并不占优势的情况下，之所以能取得这一系列胜利，与卫青的个人品质和本领以及他的正确决策是密不可分的。卫青的鞍马劳顿，为汉室江山的稳定立下了汗马功劳。由于卫青的胜利，汉朝重新控制了河南、河西等地，并在河南地设立朔方郡，使首都长安有了一定的保障。尤其是经过漠北一战，匈奴实力大伤，从此之后，"匈奴远遁，漠南无王庭"，使汉朝解除了持续近一个世纪被凶奴威胁的状况。

卫青能够在二十几年的时间内，由一个奴仆当上了大司马、大将军，固然同他的国舅身份有关，但更主要的还是凭借了他个人的人品、才干和功业。

而在功成名就、位高权重之后，卫青既没有擅权乱政、胡作非为，也没有被谗被毁、身家难保，这在很大程度上与他的个人品质和为官做人智慧有关。其实早在他的征战之中，卫青就表现出了非同一般的韬晦之谋。

卫青带兵打仗，不但身先士卒，冲锋在前，而且号令严明，赏罚公平，治军有方。在公元前124年，卫青出高阙击匈奴有功，汉武帝格外施恩，封其三子为侯。卫青坚辞不受，并说："战争取得了胜利，这都是诸将校的功劳。"由于卫青的奏请，随同他出征的十一名将校，才得以封侯赐爵。这里面既有他的姐夫公孙贺、挚友公孙敖，也有李蔡（李广的叔伯兄弟）、李沮、李息、李朔、赵不虞、韩说、豆如意、公孙戎奴等一般僚属。

田仁是卫青的一个侍从，很有胆识，多次跟随卫青出征，立有军功。对于这样一个奴仆，卫青也是有功必赏。他上奏朝廷，汉武帝便任命田仁为郎中。

卫青不但不掩他人之功，而且为将清廉不贪。有时候，皇太后赏赐给他的金钱，他也量才均分给部下将吏。

卫青虽然功高一世，位极人臣，却始终忠于朝廷，恪守军人的本分。

第七卷 苦与乐——心若晴则苦也乐，心若雨则乐也苦

史书称他"以和柔自媚于上"。当然，卫青的自处卑顺，不敢专权，一切以皇帝的意志为转移，是有其历史原因的。比如在汉初，一些裂土受封的侯王，功高震主的将领，大多数招贤养士，培植个人势力，结果都没有好下场。这些人都是卫青的前车之鉴。因此，当苏建劝他效法古时名将，结交宾客，招徕士人，以扩大自己的声望和势力时，卫青马上说："亲待士大夫，选举贤人，罢黜不肖，这些都是皇上的权柄，做臣下的只要奉法遵职就行了，为什么要参与养士呢！"

卫青之所以如此行事，还因为他也有过教训。当年，主父偃初到长安时，曾投在卫青的门下。卫青多次向汉武帝荐举主父偃，皇上根本不予理睬。后来，还是主父偃毛遂自荐，早上投书，傍晚即被召见。主父偃建议汉武帝把豪强富户迁到茂陵，以便朝廷集中控制时，卫青为关东大侠郭解讲情，说郭解家贫，不应在迁徙之列。汉武帝却不软不硬地反驳说："郭解这个贫民，居然有力量让大将军为他求情，这说明他家并不贫。"郭解终究还是被迁到了茂陵。这使得卫青不能不对自己的政治之途倍加谨慎。

卫青不但在政治上忠于朝廷，就是在一些生活私事上，也完全听命于汉武帝，尽量顺应皇帝的心意。

卫青被拜为大将军以后，适逢平阳公主独居。她同身边的人商量：长安中的列侯，谁可以做她的丈夫。左右的人都说大将军卫青最合适。公主笑着说："他当年是我的骑奴，常常侍候我出出进进的，你们为什么偏偏说他合适呢？"众人赶忙解释说："公主，话可不能这么说。现在大将军的姐姐是皇后，他的三个儿子又都封了侯，富贵甲于天下，您不能再小看他了。"于是，公主同意了，并通过卫皇后示意皇上，汉武帝亲自发话，卫青便由当年的骑奴变成了主人的丈夫。

公元前123年，卫青出征归来，汉武帝赏赐给他千金。出得宫门，一个素不相识的人，拦住他的车驾，说是有事禀告。卫青便停下车来，这个人走

到车旁，对卫青说："现在王夫人正得皇上宠爱，但她的母家很贫穷。如果您能拿出赏赐的一半，送给王夫人的母家，皇上一定会高兴的。"卫青欣然同意了，派人把五百金送到王夫人母家。汉武帝得知后，极为欢心。

卫青虽然声势显赫，权倾朝野，为人却谦恭退让，礼贤下士。史书上记载"青仁，喜士退让"。这使得他在仕途上终身无虞，死后得以陪葬在茂陵之旁。

悬崖勒马、江心补漏固然是对危局的补救措施，但毕竟已处于进退两难的尴尬境地；骑虎之势已成，世事不由自己，至此悔恨都已晚矣。假如人不能在权势头上猛退，到头来难免像山羊触藩一般弄得灾祸缠身。做事要胸中有数，不要贪恋功名利禄，不要做无准备之事；做事要随机应变，随势之迁而调整。做事是为了成事，一股劲猛进不可取，犹犹豫豫也不可取，应当知进知退，有张有弛，处进思退才是行事的方法。

苦中得悦，失意存悲

【菜根原味】

苦心中，常得悦心之趣；得意时，便生失意之悲。

【古典今译】

人们在苦心追求时，因为感受到追求成功的喜悦而觉得乐趣无穷；人们在得意时，因为面临着顶峰过后的低谷，往往潜藏着失意的悲哀。

第七卷 苦与乐——心若晴则苦也乐，心若雨则乐也苦

【智慧解析】

人生是一个在摸索中前进的过程，既然是摸索，就免不了有失误，免不了要受挫折，事实上，没有人能够不受到一丝严寒、不经一丝风霜地走完人生。只不过，在相同的景况下，人们不同的心态决定了各自的人生幸福与不幸。

把坏事当好事的人，根本不需要特别的原因使自己快乐，他们仅仅因为快乐而快乐。

其实，幸与不幸的感觉皆由心而生。心以为乐则是境皆乐，心以为苦则无境不苦。

某山城的一家纺织厂经济效益不好，工厂决定让一批人下岗。在这一批下岗人员里有两位女性，她们都40岁左右，一位是大学毕业生，工厂的工程师，另一位则是普通女工。然而，她们下岗后的境况却大不一样。

女工程师下岗了！这成了全厂的一个热门话题，人们纷纷议论着、嘀咕着。女工程师对人生的这一变化深怀怨恨。她愤怒过、她骂过、她也吵过，但都无济于事。因为下岗人员的数目还在不断增加，别的工程师也开始下岗了。然而，尽管如此，她的心里却仍不平衡，她始终觉得下岗是一件丢人的事。她整天都闷闷不乐地待在家里，不愿出门见人，更没想到要努力奋斗做点事情重新开始自己的人生，孤独而忧郁的心态控制了她的一切。她本来就血压高，身体弱，没过多久，她就带着忧郁和孤寂离开了人世。

另一位普通女工的心态却大不一样，她很快就从下岗的阴影里解脱了出来。她想既然别人能生活下去，自己就也能生活下去。想通以后，她的内心没有了抱怨和焦虑，她平心静气地接受了现实。在亲戚朋友的支持下，她开起了一个小小的火锅店。由于她全力以赴地投入到了这项工作中，火锅店生意十分红火，仅一年多，她就还清了借款。现在她的火锅店的规模已扩大了几倍，成了山城里小有名气的餐馆，她自己也过上了比在

工厂时更好的生活。

一个是工程师，一个是普通女工，她们都曾面临着同样一个困境——下岗，但为什么下岗之后她们的命运却迥然不同呢？原因就在于她们各自的心态不同。

任何事情都是在发展变化着的，苦乐可以转化，得失不是永恒。在这样的情况下，要看主观上用什么态度对待人生。人间悲苦是无情的，用这种心境来看待人生，那耳目所触尽是悲苦，结果就使人容易产生悲观思想，甚至造成悲剧。人生本来是多灾多难的，但是我们必须征服这种苦难，绝对不可以抱着失败主义思想。人不能因为一时的得失决定自己的一生，不能因一时的苦乐而放弃人生的奋斗。

风雅不失，穷不潦倒

【菜根原味】

贫家净扫地，贫女净梳头。景色虽不艳丽，气度自是风雅。士君子当穷愁寥落，奈何辄自废弛哉！

【古典今译】

贫穷的人家要经常把地扫得干干净净，穷人的女儿要把头梳得整整齐齐，虽然没有艳丽奢华的陈设和美丽的装饰，却有一种自然朴实的风雅。有才之君子，怎能一遇穷困忧愁或者际遇不佳、受到冷落，就自暴自弃呢！

第七卷　苦与乐——心若晴则苦也乐，心若雨则乐也苦

【智慧解析】

富有的生活不是高贵的诠释，真正决定一个人高贵与否的，不是他的身份和地位，而是在他的胸腔里跳动的是怎样的心。

贫与富，并不仅仅由物质来衡定，而是取决于心，物质之富，有时人力实在不能左右，但至少可以守住心中的一份傲然与清朗。

台湾著名男演员、剧作家、导演金士杰早年带领一群热爱戏剧的演员刚创办兰陵剧团时可谓一穷二白。1979年，在舞台剧几乎处于荒漠的台湾，兰陵剧团出现了。金士杰和团里的所有演员都是白天做苦力，晚上排练创作，零酬劳演出。这个剧团的成立没花什么钱，但也没赚一分钱。于是就有朋友关心金士杰怎么生存：你总有三餐不继的时候，总有付房租的时候，那时你怎么对付？

金士杰的生存方式很独特。

金士杰有个朋友家境很好。有一次金士杰去她家里做客，吃饭时，他吃着吃着就感叹起来："桌上菜这么多，都很好吃。你们平时都这样吃吗？每次吃不完怎么办？"朋友答："还能怎么办呢，该倒就倒掉。"

金士杰顿时两眼放光："那让我来替你们做一个义务的食客怎么样？"朋友拍掌说："很好，欢迎欢迎！"

金士杰却一本正经地说："你先别着急欢迎。我们先把条件说清楚：第一，我不定时来，但我来之前会先打电话问清楚你家有没有剩饭、方不方便，有且方便的话，我就来；第二，我来只吃剩饭，等你们家人全部吃饱撤了，确定摆的都是剩饭剩菜我才开吃，而且，不可以因为我来就故意加一个菜，那样就算犯规；第三，我吃剩菜剩饭的时候旁边不可以站着人，因为他（她）一旦和我打招呼，我就得很客气地回应，这样客套来客套去我就没办法当专业食客了；第四，吃完之后我要很干脆利落地走，不可以有人跟我说再见，如果非得这样客套的话，我心里就会有负担，那样

下次我就不来了。总之一句话：我要完全没有负担地当一名剩菜剩饭的食客。"

朋友听完他的话觉得很逗，当场就答应了所有条件。此后，金士杰果真好几次去朋友家当食客，吃得非常开心。他还幻想着：我要有30个这样的朋友，一个月就能过得蛮富足。

抱着这样的心态过苦日子，金士杰带领剧团一路坚持下来。第一次演出，他们还是没有任何报酬。离他们不远的地方有个大礼堂闲置着，他们就把那里打扫出来当舞台；没服装，他们就各自掏腰包买一套功夫裤穿在身上；没灯光，他们就各自从家里搬来一两个打麻将用的麻将灯，再加长电线，往插板上一插，灯就亮了；没有化妆用品，他们就素颜上场；没有人宣传，他们就自己拿来纸笔，涂涂画画，一张大海报就贴到了台湾师范大学的门口。

一切准备就绪。演出那天，观众席只坐了二三十人，人不多，但大部分人都是台北文化界的精英。他们看完演出之后对金士杰这样说："台北市等你们这群人等了很久了，你们终于来了。你们要演下去，拜托你们一定要演下去！"

金士杰带领大家照做了。历经一年多的非正式演出，兰陵剧团终于走上正式的舞台。1980年，金士杰编导的《荷珠新配》参加了台湾第一届"实验剧展"，首演一炮而红。一时间，兰陵剧团声名大噪，金士杰也一跃成为台湾现代剧场的领军人物之一。

多年之后金士杰将当年自己当"专业食客"的事情说给一堆人听。说完之后他感慨道："我说这些事，除了好玩，除了说明我的脸皮厚以外，还有个很重要的原因。我觉得，我们的这种穷完全不需要自卑，不需要脸红，因为我深深知道我们在做什么——我们把我们的头脑、智慧、创作拿出来献给社会，以至于我们没有工夫赚钱。我们是在做很重要的事情，所以，从某种意义上来说，我们这个穷不是穷，而是富，不是缺，而是足。"

人，应该平静地面对生活给予的一切，不要让欲望这个没有止境的黑洞来洞穿心灵。因为一旦心灵上有了缺口，那么冷风就会肆无忌惮地在其中来回穿行，让人终生失去温暖，变得孤单而寒冷。

有高贵的心，就算身陷淤泥之中，也能开出不染的莲花。古人说："托钵僧之心始可贵。"包含着对人性终极意义的深刻领悟。那些说"斯是陋室，唯吾德馨"的人，必是高贵之人，他们虽然贫寒，匮乏，却活得坦然、从容，人穷而德馨。

也许，在今天的社会里，要做到这一点很不容易，一般人都无法坦然面对穷富，无法在心理上达到平衡。其实，与充满金钱的生活相比，平淡清贫不存在真正意义上的缺失和悬殊。对一个人来说，最重要的是心灵上的富足与高贵。

知足则仙，善用则生

【菜根原味】

都来眼前事，知足者仙境，不知足者凡境；总出世上因，善用者生机，不善用者杀机。

【古典今译】

面对眼前的一切，能够知足的人就感到生活在快乐的仙境中，不知满足的人就摆脱不了凡俗的境界；总结世上事物的一切原因，善于运作的人就能把握机会，不善运作的人就处处陷入危机。

【智慧解析】

所谓幸福的人，是只记得自己一生中满足之处的人；而所谓不幸的人只记得与此相反的内容。

东汉人樊重，字君云，家中世代善于耕种，家境颇丰。他喜欢经商，人很温和、厚道，做事也很守规矩。三代人居住在一起，共享家产，家庭和睦，儿子、孙儿都能尊老敬贤，很懂礼仪。他们经营产业，不奢靡，不浪费，家里雇佣的童子、奴婢、仆人都各司其职，也都各有所得，所以全家上下能够团结一心，共同生产，收获也年年增长，后来土地达到300多顷。他们家造的房子，都是有几进的厅堂，高高的屋檐，很气派。这之后又养鱼放牧，完全能够自给自足。有一次他家打算做漆器等物品，就先种了许多樟树和漆树，当时乡里的一些人都嘲笑他们，他们也不争执，过了几年，这些树木成材了，都派上了用场。过去那些讥讽他们的人，由于自己没有就都跑来求借，樊重便一一借给他们，备受邻人的称赞。等到家财万贯，富甲乡里了，他就对乡里宗族以及乡亲们进行救济，供养那些贫困的人。

有一次樊重的外孙兄弟俩，发生了争执，而且对簿公堂。樊重认为因为财产就不念手足之情，不顾兄弟情义，实在是可耻的，于是从自己的田产中拿出良田二顷，分给他们兄弟，平息了他们兄弟之间的争讼。县里乡亲都赞扬樊重，推举他担任掌教化的乡官。樊重一直活了80多岁，去世的时候留下遗命给他的儿子们，让他们把多年以来乡亲邻人所借贷的数百万的文契全部焚烧掉，不用再让他们偿还。他的儿子们遵命烧了文契。那些曾向樊家借过债的人听说此事以后，都觉得非常惭愧，都争着到樊家来还钱，但樊重的儿子们遵从父命，一概不收。

要想真正享受人生乐趣，应当有知足常乐的思想。所以，老子说：

第七卷　苦与乐——心若晴则苦也乐，心若雨则乐也苦

"知人者智，自知者明；胜人者有力，自胜者强；知足者富，强行者有志；不失其所者久，死而不亡者寿。"人的有限生命应该用到对人类有益的事业中去，在这样的事业中去发挥才智，展现能力，比起那些在功名富贵中拼杀的人来说，真不知要强过多少倍。

喜寂厌喧，求静避世

【菜根原味】

喜寂厌喧者，往往避人以求静，不知意在无人便成我相，心著于静便是动根，如何到得人我一视、动静两忘的境界？

【古典今译】

喜欢寂静而厌恶喧嚣的人，往往逃避人群以求得安宁，却不知道故意离开人群便是执着于自我，刻意去追求宁静实际是骚动的根源，怎么能够达到自我与他人一同看待、将宁静与喧嚣一起忘记的境界呢？

【智慧解析】

求得内心的宁静在于心，环境在于其次。否则就算把自己放进真空罩子里，环境虽然宁静，假如不能忘却俗世事物，内心仍然是一层繁杂。何况即便使自己和人群隔离，同样表示你内心还存有自己、物我、动静的观念，自然也就无法获得真正的宁静和动静如一的主观思想，从而也就不能真正达到身心都安宁的境界。

有一位虔诚的佛教信徒，每天都从自家的花园里，采撷鲜花到寺院供佛。

一天，当她正送花到佛殿时，碰巧遇到无德禅师从法堂出来，无德禅师非常欣喜地说道："你每天都这么虔诚地以香花供佛，来世当得庄严相貌的福报。"

信徒非常欣喜地回答道："这是应该的，我每天来寺礼佛时，自觉心灵就像洗涤过似的清凉，但回到家中，心就烦乱了。请问大师：我这样一个家庭主妇，如何在喧嚣的城市中保持一颗清净的心呢？"

无德禅师反问道："你以鲜花献佛，相信你对花草总有一些常识，我现在问你，你如何保持花朵的新鲜呢？"

信徒答道："保持花朵新鲜的方法，莫过于每天换水，并且在换水时把花梗剪去一截；因为花梗的一端在水里容易腐烂，腐烂之后，水分就不易吸收，就容易凋谢！"

无德禅师道："保持一颗清净的心，其道理也是一样。我们生活的环境像瓶里的水，我们就是花，唯有不停地净化我们的身心，变化我们的气质，并且不断地忏悔、检讨、改进陋习、缺点，才能不断吸收到大自然的食粮。"

信徒听后，欢喜地作礼，并且感激地说："谢谢禅师的开示，希望以后有机会亲近禅师，过一段寺院中禅者的生活，享受晨钟暮鼓、菩提梵唱的宁静。"

无德禅师道："你的呼吸便是梵唱，脉搏跳动就是钟鼓，身体便是庙宇，两耳就是菩提，无处不是宁静，又何必非到寺院中生活呢？"

是啊，热闹场中亦可作道场；只要自己丢下妄缘，抛开杂念，哪里不可宁静呢？如果妄念不除，即使住在深山古寺，一样无法修行。正如六祖慧能所说不是风动、不是幡动是人者心动。心才是无法宁静的本源。解

第七卷 苦与乐——心若晴则苦也乐，心若雨则乐也苦

脱生活乃至生命的苦恼，并不在苦恼的本身，而是要有一个开阔的心灵世界；人们只有止息心的纷扰，才不会被外在的苦恼所困厄，因此要解脱烦恼，就在于自我意念的清净。

只要我们能够放下对尘世中各种意识的执着，便可得到一个净土世界。相反，你若是一意执着于一个悲伤心念，那么你所踏入的便是悲伤世界，当你放下心中悲伤念头时，才能够从中解脱出来。然而，世上大多数人恰恰都执着于此，所以按佛家所言，多数人生前死后都停留在一个悲伤世界中。或许真的如此，在生活中，我们每个人都在被情感、家庭、社会所缠绕，找不到安心的所在；唯有像佛祖一样讲觉悟，好好地在自己的身上下功夫，从内心的观照里，去改正自己的一言一行，才不至于觉得无休止的劳苦。

福不强求，去怨避祸

【菜根原味】

福不可徼，养喜神，以为召福之本而已；祸不可避，去杀机，以为远祸之方而已。

【古典今译】

福分不可强求，只有保持愉快的心境，才是追求人生幸福的根本态度；祸患不可逃避，只有排除怨恨的心绪，才是作为远离祸患的办法。

【智慧解析】

　　人生在世，应该多交朋友少树敌。常言道："冤家宜解不宜结。"多个朋友就多一条路，少了一个仇人便少了一堵墙。得罪一个人，就为自己堵住了一条去路，而得罪了一个小人，可能就为自己埋下了一颗不定时的炸弹。尤其是在权力场中，最忌四面树敌，无端惹是生非。纵是仇家，为避祸计，也该主动认错示好，免其陷害。要知时势有变化，宦海有沉浮，少一个对头，便多一分平安。

　　范雎，战国时期政治舞台上一位十分著名的政治家、外交家。

　　他原是魏国人，早年有意效力于魏王，由于出身贫贱，无缘直达魏王，便投靠在中大夫须贾的门下。

　　有一年，他随须贾出使齐国，齐襄王知范雎之贤，馈以重金及牛酒等物，范雎辞谢没有接受。须贾得知此事后，以为范雎一定向齐国泄露了魏国的秘密，非常生气，回国以后，便将此事报告给魏的相国魏齐。魏齐不问青红皂白，令人将范雎一阵毒打，直打得范雎肋断骨折，范雎装死，被用破席卷裹，丢弃在茅厕中。须贾目睹了这一幕，却不置一词，还随同那些醉酒的宾客一起至茅厕中，往范雎的身上撒尿。

　　范雎待众人走后，从破席中伸出头对看守茅厕的人说："公公若能将我救出，我以后定当重谢公公。"守厕人便去请求魏齐允许将厕中的尸体运出。喝得醉醺醺的魏齐答应了。范雎算是拣了条命。

　　范雎历经千辛万苦，来到了秦国都城咸阳，并改名换姓为张禄。此时的秦国正是秦昭王当政，而实际上控制大权的，却是秦昭王之母宣太后以及宣太后之弟穰侯、华阳君和她的另外两个儿子泾阳君、高陵君。这些人以权谋私，内政外交政策多有失误，秦昭王完全被蒙在鼓里，形同傀儡。

　　但范雎看出，在当时列国纷争的大舞台上，秦国是最具实力的国家，秦昭王也不是一个无所作为的国君，他更相信，在这里，他的抱负一定能

第七卷 苦与乐——心若晴则苦也乐，心若雨则乐也苦

够得以施展，于是，他几经周折，终于见到了秦昭王。他以其出色的辩才、超人的谋略向昭王指出秦国内政外交政策的失误及秦昭王的处境，并提出了自己的政治见解。

秦昭王悚然而惊，立即采取果断措施，废太后，驱逐穰侯、高陵、华阳、泾阳四人于关外，将大权收归己有，并拜范雎为相。

范雎所提出的外交政策，便是闻名于后世的"远交近攻"，而他所要进攻的第一个目标，便是他的故国魏国。

秦军兵临城下，魏国大恐，派出了使臣来向秦求和，这个使臣，便是范雎原来的主人须贾。不过，须贾只知道秦的相国叫张禄，而不知就是范雎，他还以为范雎早已死了哩。

范雎得知须贾之来，便换了一身破旧衣服，也不带随从，独自一人来到须贾的住处。须贾一见大惊，问道："范叔别来还好吗？"范雎道："勉强活着吧！"须贾又问："范叔想游说于秦国吗？"范雎道："没有。我自得罪魏的相国以后，逃亡至此，哪里还敢游说。"须贾问："你现在干什么呢？"范雎道："给别人帮工。"须贾不由起了一丝怜悯之情，便留下范雎吃饭，说道："没想到范叔贫寒至此！"同时送给他一件丝袍。

席间，须贾问："秦的相国张君，你认识吗？我听说如今天下之事，皆取决于这位张相国，我此行的成败也取决于他，你有什么朋友与这位相国认识吗？"范雎道："我的主人同他很熟，我倒也见过他，我可以设法让你见到相国。"须贾说："我的马病了，车轴也断了，没有大车驷马，我可是不能出门。"范雎说："我可以向我家主人借一辆车。"

第二天，范雎赶来一辆驷马大车，并亲自当驭手，将须贾送往相国府。进入相府时，所有的人都避开，须贾觉得十分奇怪。到了相府大堂前，范雎说："你等一下，我先进去替你通报一声。"

须贾在门外等了好久，也不见有人出来，便问守门人道："这位范先

生怎么这么半天也不出来？"守门人说："没有什么范先生。"须贾说："就是刚才拉我进来的那个人呀！"守门人答道："那是张相国。"

须贾大惊失色，明白自己上当了，于是脱衣袒背，一副罪人的打扮，请守门人带他进去请罪。范雎雄踞堂上，身旁侍从如云。须贾膝行至范雎座前，叩头道："小人没能料到大人能致身于如此的高位，小人从此再也不敢称自己是读书有识之士，再也不敢与闻天下之事。小人有必死之罪，请将我放逐到荒远之地，是死是活都由大人安排！"范雎问："你有几罪？"须贾说："小人之罪多于小人之发。"范雎道："你有三大罪：我生于魏，长于魏，至今祖先坟茔还在魏，我心向魏国，而你却诬我心向齐国，并诬告于魏齐，这是你的第一大罪。当魏齐在厕中羞辱我时，你不加阻止，这是你的第二大罪。不止如此，你还乘醉向我身上撒尿，这是你的第三大罪。我今天之所以不处死你，是因为你昨天送了我一件丝袍，看来你还没忘旧情。我可以放你回去，不过你替我转告魏王，赶快将魏齐的脑袋送来！要不然，我就要发兵血洗魏都大梁城！"

此时的秦国，威行天下，无人敢与争锋；此时的范雎，位高权重，言出令随。魏齐吓得仓皇出逃至他国，可赵、楚等国，畏于秦国的兵威，谁也不敢收留他，魏齐终于被迫自杀。

魏齐死后，范雎也不再追究须贾的罪责，时任秦国相国的范雎和须贾淡然处之。

世人都有一个个待解的心结，你我应知：尊重别人即是尊重自己，原谅别人即是善待自己。天下人皆应放下自己的仇恨，用一双慧眼、一颗澄明的心，化敌为友、变丑为美、除恶取善、化苦得乐！

第七卷　苦与乐——心若晴则苦也乐，心若雨则乐也苦

身居逆境，砥节砺行

【菜根原味】

居逆境中，周身皆针砭药石，砥节砺行而不觉；处顺境内，眼前尽兵刃戈矛，销膏靡骨而不知。

【古典今译】

人处在逆境中，仿佛置身于治病用的针砭药石之中，可时时自觉纠正自己的过失，陶冶自己的性情；处在顺境中，眼前就像布满了看不见的刀枪戈矛，人的意志逐渐消磨也浑然不觉。

【智慧解析】

看待人生的起落顺逆应该有辩证的观点。居逆境固然是痛苦压抑的，但对一个有作为、能自省的人来讲，在各种磨砺中可以锻炼自己的意志，修正自己的不足，一旦有了机会，就可能由逆向顺。居顺当然是好事，但对于一个没有良好的品质和远大追求的人来讲，优裕环境中往往容易堕落腐败，这和在清苦环境中容易发奋上进的道理一样。一个人生活一优裕，就容易游手好闲不思奋斗；反之如果处在艰苦穷困的环境中，"穷则变，变则通"。所以贫与富不是绝对不变的，顺与逆也是可以相互转化的。

吴士宏，素有"南天王""打工皇后"之称。1964年，吴士宏出生在北京一户普通人家，初中毕业以后，她曾在北京椿树医院做过一段时间护

士。随后，一场大病几乎令她丧失了活下去的勇气。1985年，大病初愈的吴士宏突然感悟到：绝不能继续在这个毫无生气、甚至无法解决温饱的地方浪费青春。于是，通过自学考试，吴士宏取得了英语专科文凭，并通过外企服务公司顺利进入"IBM"，从事办公勤务工作。

其实，这份工作说好听一些叫"办公勤务"，说得直白一些，就是"打杂"。这是一个处在最底层的卑微角色，端茶倒水、打扫卫生等一切杂务，都是吴士宏的工作。一次，吴士宏推着满车办公用品回到公司，在楼下被保安以检查外企工作证为由，拦在了门外，像吴士宏这种身份，根本就没有证件，二人就这样在楼下僵持着，面对大楼进出行人异样的眼光，吴士宏恨不得找个地缝钻进去……

然而，纵使环境如此艰难，吴士宏依然坚持着，她暗暗发誓："终有一天我要出人头地，绝不会再让人拦在任何门外！"

自此，吴士宏每天利用大量时间为自己充电。一年以后，她争取到了公司内部培训的机会，由"办公勤务"转为销售代表。不断的努力，令吴士宏的业绩不断飙升，她从销售员一路攀升，先后成为IBM华南分公司总经理、IBM中国销售渠道总经理、微软大中华区总经理，成了职业经理人中的一面旗帜。

生活中，很多人自怨自艾，抱怨自己的背景不好，抱怨自己境遇坎坷，空有才而不得志。其实，这类人都有一个通病——好高骛远，抱怨有余，努力不足，所以他们很少能够得到成功的眷顾。

在人生的旅途上，我们若想有所建树，就必须抛弃抱怨、放低高高扬起的目光，转而去接受现实、接受命运带来磨砺，要秉持这样一种人生态度——"顺风兮，逆风兮，无阻我飞扬！"

第八卷 忙与闲

——闲看庭前花开花落,漫随天外云卷云舒

真味是淡，至人如常

【菜根原味】

醲肥辛甘非真味，真味只是淡；神奇卓异非至人，至人只是常。

【古典今译】

烈酒、肥肉、辛辣、甘甜并不是真正的美味，真正的美味是清淡平和；行为举止神奇超群的人不是真正德行完美的人，真正德行完美的人，其行为举止和普通人相同。

【智慧解析】

人们往往忽视平凡，不重视常见的东西。像鸡鸭鱼肉、山珍海味，固然都是极其美味可口的佳肴，但时间久了会觉得厌腻而难以下咽；粗茶淡饭，最益于身体，在一生之中最耐吃。一个人绝俗超凡可以视为一种人生态度，有卓越的才华也是好事，但作为一个伟人，不是追求一时的功名。只有在平凡之中才能保持人的纯真本性，进而在平凡中显出英雄本色。

有一天，秋高气爽，太阳已爬在半空，庄子还高卧未醒。忽然门外车马喧闹，有谁在小心地敲门。原来楚威王久仰庄子的大名，想把他招进宫中给予高位，既用其名，复用其才，辅佐自己实现争霸天下的目的。楚威王派了几位大夫充当使者，领着一队壮士，抬着猪羊美酒，带着千两黄

第八卷　忙与闲——闲看庭前花开花落，漫随天外云卷云舒

金，驾着几辆驷马高车，浩荡而隆重地来请庄子去楚国当卿相。

半个时辰后，才见庄子出来。使者作揖赔笑，呈上礼物，说明来意，不料庄子仰天大笑，说了一套洋洋洒洒的话：

"免了！免了！千金是重利，卿相是尊位，多谢你家大王。然而诸位难道没有瞧见过君王祭祀天地时充作牺牲的那头牛吗？想当初，它在田野里自由自在，只是它的模样生得端庄一点，皮毛生得光滑一点，就被人选入宫中，给以很好的照料，生活是好多了，然而正所谓'喂肥了再宰'。到时，牛的大限已到，当此关头，这牛倘想改换门庭，再回到昔日即使是劳苦的生活境况中去，还有可能吗？还来得及吗？那么，去朝廷做官，与这头牛有什么差别呢？天下的君王，在他势单力孤、天下未定时，往往招揽海内英雄，礼贤下士，一旦夺得天下，便为所欲为，视民如草芥，对于开国功臣，则恐怕功高震主，无不杀戮，真是所谓'飞鸟尽，良弓藏；狡兔死，走狗烹'。你们说，去做官又有什么好结果？放着大自然的清风明月、荷色菊香不去观赏消受，偏偏费尽心机去争名夺利，岂不是太无聊了吗？"

几位使者见庄子对世情功名的洞察如此深刻，也不好再说什么，只得怏怏告退。其中一位使者如当头棒喝，勘破数十年做官迷梦，就此决定回朝后上奏君王告老还乡。

庄子仍然过着洒脱的生活，登山临水，啸傲烟霞，寻访古迹，欣赏景色，抒发感慨，盘膝枯坐，冥思苦想，发为文章。在贫穷中享受人生的快乐和尊严。

凡尘俗世的纷繁芜杂使我们渐染失于心性的杂色。每一次的呈现都多了一点修饰，每一次的语言都少了一分真实。习惯于疲惫的伪装，总以为这样就可以赢得更多，过得更好。蓦然回首，那些希冀着的，仍需希冀，

那些渴盼着的，仍需渴盼。唯独改变了的是自己的本性。扪心自问："我是否在意过自己最真实的内心世界？尊重过自己的本性？"心会告诉你那个最真实的答案。有多少人曾想过改变自己，以追逐想要的一切，到头来才发现，自己做了一个邯郸学步的寿陵少年，不仅没有得到自己想要的，还丢了自己最初拥有的。那么，当初为什么就不能尊重自己的本性，做那个最真的自己？也许正是因为没有彻悟。

随着岁月更移，蓦然回首你会发现，其实修饰并未能让你赢得更多，也不曾使你过得更好。甚至，我们不仅没有得到自己想要的，还丢了最初所拥有的。而自己，俨然已渐渐失去了本性，迷失了真我之心，成为了一叶随波的浮萍。既如此，何不做好真我？那样，你也会是一道不错的风景。尊重真我本性，秉承真我之心，不随波逐流，你便不会迷失；走自己的路，清心寡欲，充实自我，不从外物取物，而从内心取心，你便可将自己的人生修炼成一道独特的风景线。

闲时吃紧，忙里悠闲

【菜根原味】

天地寂然不动，而气机无息稍停；日月昼夜奔驰，而贞明万古不易。故君子闲时要有吃紧的心思，忙处要有悠闲的趣味。

第八卷 忙与闲——闲看庭前花开花落，漫随天外云卷云舒

【古典今译】

我们每天看到天地好像无声无息不动，其实大自然的活动时刻未停。早晨旭日东升，夜晚明月西沉，日月昼夜旋转，而日月的光明却永恒不变。所以君子应效法大自然的变化，闲暇时要有紧迫感作一番打算，忙碌时要做到忙里偷闲，享受一点生活中悠闲的乐趣。

【智慧解析】

有人说，人生如棋，变幻无常，所以需有下棋一般的悠闲状态，闲时吃紧，忙里悠闲，棋理中有兵法，棋理中有治国之道。在历史上，魏武帝曹操善于下围棋，曹丕也如此。蜀汉大将费祎临危受命，率军出发前有人请他下围棋，他的棋艺果然高明，恰如出战时的指挥若定。出战后果然大获全胜。司马炎也下得一手好围棋，曾在棋枰上定下速战东吴的计谋。有这样一个故事，说是前秦皇帝苻坚攻打东晋，晋国处境危急，而谢玄出兵江北，保卫建康。当前线战报传来，谢安却不动声色，一局终了，谢安才淡淡地说："侄子已经战胜了。"人们对谢安临危不乱的风度大为佩服。

班固曾在论弈棋的旨趣时说，棋类"局必方正，象地则也，道也正直，神明德也，棋有白黑，阴阳分也，骈罗列布，效天文也"，由此想见《菜根谭》所言"天地寂然不动，而气机无息稍停；日月昼夜奔驰，而贞明万古不易"，用于中国棋道更是贴切不过，下棋能闲时吃紧，忙里偷闲，细细领会，感悟良多。

宇宙间静中有动，动中有静，动静相间，逆动不停，如此才能完成宇宙的旋转，这是宇宙变幻无穷的根本法则。同理，忙与闲也是一样，虽然矛盾抵悟，却在不断变化中和谐统一、相辅相成。真正懂得生活的人也懂得忙里偷闲，闲中吃紧，既可提高工作效率，又可调节工作情绪，何乐而不为呢？

天理路宽，欲路甚窄

【菜根原味】

天理路上甚宽，稍游心，胸中便觉广大宏朗；人欲路上甚窄，才寄迹，眼前俱是荆棘泥涂。

【古典今译】

追求自然真理的正道非常宽广，稍微用心追求，就感觉心胸坦荡开朗；追求个人欲望的邪道非常狭窄，刚一跻身于此，就发现眼前布满了荆棘泥污，寸步难行。

【智慧解析】

人生在世，是及时行乐还是追求理性，这是两种不同的生活态度。凡是能合乎天理的大道，随时随地都摆在人们的面前供人行走，这条路不能满足人的种种世俗的欲望，而且走起来枯燥寂寞，假如世人能顺着这条坦途前进，会越走越见光明，胸襟自然恢宏开朗，会觉得前途远大。反之世人的内心总充满欲望，而欲望的道路却是非常狭窄的，虽然可以满足一时的杂念，可走到这条路上理智就遭受蒙蔽，于是一切言行都受物欲的驱使，前途事业根本不必多谈，就连四周环境也布满了荆棘，久而久之自然会使人坠入痛苦深渊。物质需求和情感需求是必要的、合理的，但如果因

第八卷　忙与闲——闲看庭前花开花落，漫随天外云卷云舒

此而沉溺就不是明智之举。从长远看，人生应该有高层次的追求才对。

公元57年东汉光武帝卒，太子刘庄继位，立马援之女为贵人。公元60年，又立贵人马氏为皇后。马皇后是个才貌双全、很有能力的女性。她熟读经史，尤其喜读《春秋》《楚辞》等著作。所以，涉及国家的重大政令，她总能提出自己的见解，使汉明帝很佩服。

马皇后没有生子，汉明帝因见她考虑事情周到，又有较高的修养，就把贾妃生的儿子刘炟送到她身边，由她抚养教育。马皇后则以自己的严格律己，教育、影响刘炟。她在生活上注意节俭，爱穿粗布衣服，衣裙也不饰华丽。在宫中她经常对宫妃们说，粗布衣料容易染色而又大方耐用。所以，经她倡导宫廷生活一度变得严谨而俭省，人们尊敬她，愿意接近她。汉明帝有时外出游乐，前呼后拥声势浩大，马皇后常常推说自己身体不适，不陪伴同行。

公元75年明帝卒，太子刘炟即位，是为汉章帝。马皇后被尊为皇太后。为了辅佐刘炟，使其了解前朝的历史，她开始撰写汉明帝起居注。马皇后的哥哥马防，曾任负责汉明帝健康以及用药方面的官吏，本应在起居注中提到一笔，但是，马皇后只字未提。章帝看了对太后说："舅父在父皇身边忙碌一生，没有功劳也有苦劳，书中总该写上他。"马皇后却说："他们多尽些力是应该的。"

她从不凭借自己的地位，为亲戚谋私利。反之，她对兄弟们平日的言行要求非常严格。她曾向京城官吏们表示：如有马家兄弟违犯地方法令，请依法制裁并报告给我，他们若做了好事，也请给予表彰和赏赐；眼下他们都有一定的官职，如不称职或违法，就应当罢官，送回老家。

汉章帝初登基时，曾打算给几位舅父加封爵位，一些拍马屁的大臣也怂恿年轻皇帝这样做。马皇后却坚决不同意。章帝担心不封侯于众舅父，

会使他们怀恨在心。马皇后经过反复认真的考虑，为章帝想了个两全其美的办法，她说：高祖时就有规定，没有军功者不能封侯，马氏兄弟目前还没有给国家立下什么军功。何况现在国家连年遭灾，谷价长了好几倍，我为这些事昼夜不安。你未成年时，一切依靠父母，现在你已成人即位了，就应该全力去实现你的志向，把国家治理好。只有这样，我才能放心。你应该鼓励你的舅舅们努力建功立业。章帝听了这番话，深受感动，终于打消了给舅舅们封侯的念头。他鼓励舅舅们去沙场建立军功。公元77年，马防同耿恭率兵平定烧当羌。第二年，马防又大败西羌兵，年末，被任命为车骑大将军。

公元79年，为宫廷和国事操劳一生的马皇后得了重病，她不相信那些神巫邪术，也不提倡人们为她而祈祷。不久，马皇后离开人世，死时才四十几岁。

马皇后的一生，可谓是行事公正、做人无私的一生。她虽贵为皇后，但并没有像大多数人那样卷入后宫的勾心斗角之中，不但留下了令名，同时也合情合理地维护了家族利益。而这一切，是与她正确的为人处世之道分不开的。做人，只有用理智抑制住心中的私欲，才能做到刚毅正直，办事才能公正有度。这既是一种高洁的品行，也是一种做人做事的智慧。

试想，倘若我们不被那么多的私欲所左右，能够做到淡然处世，是不是就会少了很多羁绊和恩怨？从某种意义上说，人能控制私欲，也是对心灵的一种保护，从而使心灵充满阳光，以一种平和的心态去面对人生中的种种，如此便能活得更为轻松，更为幸福。

第八卷 忙与闲——闲看庭前花开花落，漫随天外云卷云舒

守逸安分，平淡远祸

【菜根原味】

趋炎附势之祸，甚惨亦甚速；栖恬守逸之味，最淡亦最长。

【古典今译】

攀附权贵的人固然能得到一些好处，但是因此所招来的祸患是凄惨而又快速的；能安贫乐道栖守自己独立人格的人固然很寂寞，但是因此所得到的平安生活时间长久趣味也浓。

【智慧解析】

当道义与利益发生冲突时，正是对一个人道德操守的最大考验。

彭玉麟是清朝著名的将领，早年曾经跟随曾国藩创办湘军水师，参加了镇压太平天国起义。彭玉麟同曾国藩、左宗棠、胡林翼被当世的人一起称为"同治中兴"的四大名臣。他平生以刚正不阿、严刑峻法闻名朝野。有一年，彭玉麟被皇上任命为钦差大臣，并且受命南下巡视长江水师。途经安徽合肥，在当地有一个人横行无忌，夺人财物，霸人妻女，而这个人正是朝内权臣李鸿章的一个侄子，当地官府慑于李鸿章的权势不敢过问。彭玉麟到合肥问明缘由后，令人手执自己的名帖，请李鸿章的侄子前来。李鸿章的侄子如约来到后，彭玉麟唤来乡民同他对质，彭玉麟指着告状的

乡民，问："这人告你霸占了他的妻子，是真的吗？"李衙内想着自己背后有李鸿章撑腰，便有恃无恐地坦白承认了。彭玉麟勃然大怒，命人将其痛笞一顿。当地县官听到这个消息，急忙赶来为李衙内求情。彭玉麟不理睬。不久，安徽省巡抚也送来名帖求见。彭玉麟猜想他也是为了李鸿章侄子的事而来，于是一面派人迎接来客，一面令人速斩李衙内。事后，彭玉麟给李鸿章写了一封信，告诉他"令侄败坏您的家声，想必亦是您所痛恨的，我已替您处置了。"李鸿章心里十分气愤怨恨，却也知道对方有理有据，只好回写了一封信向彭玉麟道谢。

　　李鸿章为什么拿彭玉麟没办法呢？因为他证据在握，正理在手，又奈其何？心胸淡然，即使丢官，也可以归隐农家！

　　历史上依附于权贵的奸佞之辈，一时荣华富贵作威作福，但他们所依附的权贵本身就如一座冰山，转眼之间家破人亡，有的甚至被灭全族，人们谁还会记住这些人呢？只有那些不贪名利不趋炎附势的人，每天过着自由恬淡的生活，才能宁静以致远，淡泊以明志，远祸而快乐，冷眼看世界。历史往往是"唯有隐者留其名，"那么奸佞小人们所追逐的东西又算得了什么呢？

第八卷 忙与闲——闲看庭前花开花落，漫随天外云卷云舒

浓味易消，淡中趣真

【菜根原味】

悠长之趣，不得于浓酽，而行于啜菽饮水；惆恨之怀，不生于枯寂，而生于品竹调丝。故知浓处味常短，淡中趣独真也。

【古典今译】

悠远绵长的趣味不一定能从浓烈的酒中得来，而是从清淡的蔬菜、清水中得来；惆怅悲恨的情怀不是从孤寂困苦中产生，而是从声色犬马中产生。由此可知，浓厚的味道往往很快消散，淡泊的事物才最真实。

【智慧解析】

人为欲望所控制，亦可称之为懦弱，若要摆脱欲望束缚，非莫大勇气不可。此勇非争强好胜之勇，而是超脱世俗功利、追求更高生命价值的大智大勇。以此护身，则心魔不生，百毒不侵。

魏晋时期，担任广州刺史的人，一般都有贪赃枉法的行为。因为广州倚山傍海，是个出产奇珍异宝的地方，只要带上一匣珍宝，便可几世享用。但是当地流行瘴疠疾疫，一般人都不愿到那儿去。只有难以自立又想发财的人，才希望到那儿为官。因此，广州的刺史要比其他地方的官员更为腐败。

晋安帝隆安年间，朝廷想要革除这里的弊政，便派有清官美称的吴隐之担任广州刺史，领平越中郎将。

吴隐之年轻时就孤高独立，操守清廉。虽然家中穷困，每天到傍晚才能煮豆当晚餐，但决不吃不属于自己的饭菜，不拿不合乎道义的东西。他后来担任过各种显要的职务，却仍保持俭朴品质。他的妻子要自己出去背柴。他得到的俸禄赏赐，都拿来分给亲戚和族人，以致自己在冬天都没有被子盖；有时因为缺少替换衣服，洗衣服的时候只好披上棉絮待在家里。他的生活和贫寒的平民一样清苦。

吴隐之奉命去广州走马上任。到了离广州治所二十里一个名叫石门的地方，只见一道泉水淙淙流去。有人告诉吴隐之，这条泉水，称作"贪泉"。传说不论是谁，只要喝了贪泉的水，都会产生贪得无厌的欲望。

吴隐之听了这话，跳下马来，对随从说："如果不看见可以让人产生贪欲的东西，人的心境就不致慌乱。现在我们一路上见到那么多的奇珍异宝，我算知道了为什么越过五岭，人们就会丧失清白的原因了！"这些话其实是告诉自己和周围人不要为珍宝动心。

说完，他便跑到贪泉边，舀起泉水很坦然地喝了起来，并且当即吟诗一首："古人云此水，一歃怀千金。试使夷齐饮，终当不易心。"表示他要像商末的伯夷、叔齐一样，坚守节操，决不变心。

他在广州任上一尘不染，更加清廉。他平时吃的不过是些蔬菜和干鱼，帷帐、用具、衣服等都交付外库。当时有很多人都以为他是故意要显示自己俭朴，只不过做个样子给别人看罢了。时间长了，人们才知道他真是个清官，不是故作姿态。帐下人向他进食鱼时，总是剔去鱼骨头，只剩下鱼肉。吴隐之发现了，觉察到他的用意，便狠狠地处罚了他，并把他免职。

第八卷　忙与闲——闲看庭前花开花落，漫随天外云卷云舒

由于他的以身作则，广州地区的贪污陋习大为改观。朝廷嘉奖吴隐之的廉洁克己、改变风气，晋封为前将军。

吴隐之从广州回京城时，随身未带任何东西。他妻子刘氏带了一斤沉香，吴隐之见到后，把它取出来，扔到河里。

吴隐之住在京城，只有几亩地的小宅院，篱笆和院墙又窄又矮，一共才六间茅屋，妻子儿女都挤在一起。当政者要赐给他车、牛，为他重新盖所住宅，但是他坚决推辞。不久，他被任命为度支尚书、太常寺，也只是以竹篷为屏风，坐的地方连毡席都没有。后来升到中领军，每月初领到俸禄，只留下自己一人的口粮，其余的全赈济亲戚、族人，妻子儿女一点也不能分享。家属要靠纺织谋生，自食其力。因此时常发生衣食困乏的情况，有时两天吃一天的粮食，身上总是穿着破旧的布衣。

贪得者虽富亦贫，知足者虽贫亦富。这话对也不对，有财富使物质生活过得好些总比贫穷好，但为财富丰厚不择手段、贪得无厌而沦为财富的奴隶，就失去了人生的意义。所谓深处味短，淡中趣真，指的是精神上的追求。曾有这样一种社会现象，说是有人穷，穷得只剩下钱；有人富，富得除了书本一无所有。这是不正常的。追逐金钱达到痴迷状态，随之而来的便是精神空虚，而精神富足的人固然在理念世界能够做到真趣盎然，但没有一定的物质基础是没有体力来体会乐趣的。因此，看待任何事物都要有辩证的态度。

出世涉世，了心尽心

【菜根原味】

出世之道，即在涉世中，不必绝人以逃世；了心之功，即在尽心内，不必绝欲以灰心。

【古典今译】

超脱凡尘俗世的方法，应在人世间的磨炼中，根本不必离群索居与世隔绝；要想完全明了智慧的功用，应在贡献智慧的时刻去领悟，根本不必断绝一切欲望，使心情犹如死灰一般寂然不动。

【智慧解析】

不在世中，如何了解世事，如何超脱世俗？要超脱尘世，就得生活在尘世中。只有如此，才能产生一种免疫力，抵御尘世的免疫力。

王澄，仁和人，字天碧，号雪村，虽然他是农民，但从小专攻写诗作书，他的书法中透露出赵孟頫书法的气势。里甲把他的名字呈报为吏员，布政使却很生气，让王澄到修建阁楼库房处服役。这是冷僻边远的差使，王澄不得已只能接受。一天，他写一首咏马诗："一日行千里，曾施汗马劳。不知天厩外，谁是九方皋。"他把诗写在府门屏风间。太守见到便问是谁所写，大家答道："小吏王澄所写。"于是王澄被召见，王澄回答说：

第八卷 忙与闲——闲看庭前花开花落，漫随天外云卷云舒

"我只是一个农民。"太守十分惊讶，出"南山晴雪"的题目考他，王澄提笔马上写好呈上。诗曰："雪霁南山正坐衙，莹然相对两无瑕。瑞光晓布三千里，和气春生百万家。未可拥炉倾竹叶，且须呵笔咏梅花。丰年有象皆侯德，五挎歌谣遍海涯。"太守看了他写的诗，心中十分高兴，也十分欣赏王澄的学识和才能，于是便召集官员子弟拜王澄为老师，王澄的差役由别人代替。由此，王澄的名声更大了。等到王澄服役期满回杭州后，有官员请他当幕僚代笔，王澄坚决推辞，无心为官了，只愿在湖山间吟咏诗篇，最后终老湖山之中。

王澄写咏马的诗，本身就表明自己是匹千里马，渴望能得到伯乐慧眼所识，说到底是入世的；同样，他作南山晴雪的诗，同样是充满人间烟火气息的，恰恰因为他入世，最后他出世避仕，是深有体味的，倒也合乎自然。

不要以为穿上袈裟就能成佛，不要以为披上道袍就能成仙。同理，披上件蓑衣，戴上顶斗笠未必是渔夫，支根山藤坐在松竹边饮酒吟诗也未必一定是隐士高人。追求形式的本身未必不是在沽名钓誉。就像想明白自己的心性灵智，不在于自己苦思冥想或者如死灰般时才知道。所以，人生的要义，既在于出世，也在于入世。不必绝人以逃也，不必绝欲以灰心。应学以致用，把自己的才学发挥出来，做想做的，做该做的。